일본 카레요리 전문셰프 8인의

도쿄東京카레

Tokyo Curry Bancho 지음

황세정 옮김

GREENCOOK

양파가 갈색으로 변할 때까지 볶아본 적 있나요?
약한 불에서 오랜 시간 볶아야 한다고들 하는데,
과연 정말일까요?

여러 종류의 카레 루를 섞어서 사용하면 맛있다고 말하는 사람이 많습니다.
그렇다면 어떤 루를 어떻게 섞어서 사용해야 가장 맛있는 카레가 되는지
여러분만의 비법이 있나요?

이 책에서는 판매하는 카레 루를 사용해 만드는 카레를 '루 카레'라고 했습니다.

가정에서 만드는 루 카레에는 사실 많은 비밀이 숨어 있습니다.
루 카레를 만드는 사람이라면 누구나 알고 싶어 하는 다양한 질문에 대해
수긍할 수 있는 답변과 레시피를 모아서 이 한 권의 책으로 정리했습니다.

맛있는 루 카레를 만들려면 어떻게 해야 할까요?
이 책을 만난 순간, 어제까지의 카레와는 이별입니다.
오늘부터 여러분이 만드는 루 카레는
분명 놀라울 정도로 달라질 것입니다.

Tokyo Curry Bancho

포장박스 뒷면에 쓰인 원재료 표시를 살펴보세요. 여기서는 원재료를 목적에 따라 알기 쉽게 분류했습니다.
카레 루에는 이렇게 맛을 내는 성분이 듬뿍 들어있기 때문에 맛있을 수밖에 없어요.

감칠맛

카레 맛에 가장 큰 영향을 주는,
원재료를 구성하는 핵심 성분이다.

색감

초콜릿처럼 진한 색으로
카레의 좋은 맛을 표현한다.

채소·과일

채소와 과일 고유의 단맛과 향은
카레의 맛을 결정하는 중요한 요소.

걸쭉함

걸쭉한 음식을 먹으면
감칠맛과 포만감을 느낀다.

짠맛

카레의 전체적인 맛을 조절하는 데
반드시 필요하다.

기름

입에 넣는 순간 맛있다고 느끼게
만드는 요소.

신맛

카레에 신맛이 첨가되면 맛이 조화를
이루고 향이 살아난다.

유성분

유제품은 그 자체에 모든 맛이
응축되어 있으며, 카레에 넣으면
부드러운 식감도 살려준다.

단맛

단맛은 카레가 맛있어지는
필수 조건!

고유의 향·맛·매운맛

향신료 고유의 향과 맛.

유화제

유화제는 물과 기름을 균일하게
섞는 작용을 한다.

A ｜ 카레 루는 맛의 보고! 

여러분이 좋아하는 카레 루는 어느 회사의 제품인가요? 그 제품을 좋아하는 이유는 무엇이죠? 그 제품은 다른 제품과 다른 맛을 내나요? 이 3가지 질문에 정확하게 답할 수 있는 사람은 이미 상당한 루 카레 전문가입니다. 질문에 제대로 답하지 못하는 사람을 위해 시중에서 판매하는 카레 루 제품의 분류방법을 설명해 드릴게요. 판매하는 카레 루는 맛에 따라 크게 4가지로 나뉩니다. 무엇보다 중요한 것은 지금까지 자신이 사용했던 카레 루가 어떤 분류에 속하는지를 알아, 앞으로 집에서 카레를 만들 때 어떻게 발전시킬지를 결정하는 것입니다. 다음의 분류를 참고하여 자신만의 루 카레를 만들어보세요.

고급·정통

고급스러운 느낌의 카레 루

호텔 레스토랑에서 소스 포트에 담겨 나오는 카레를 떠올리게 하는 종류이다. 품질 좋은 '디너 카레', 진한 맛이 우러나는 페이스트를 별도로 첨부한 '더 커리', 진한 맛과 향을 고수한 '카레 ZEPPIN'. 모두 좋은 재료를 사용하기 때문에 맛이 뛰어나다.

진한 맛을 중시한 카레 루

'하룻밤 지나서 먹으면 더 맛있다'는 광고 문구로 유명해진 '니단주쿠 카레'는 카레의 진한 맛에 포인트를 두어 새로운 분야를 개척했다. 여기에 '고쿠마로 카레'와 '도로케루 카레'가 새롭게 뛰어든 상황. 비교적 가격이 저렴한 것이 특징이다.

진한맛 감칠맛

Tokyo Curry Bancho의
카레 루 분류

향

향이 좋은 카레 루

'골든 카레'는 오랜 역사를 자랑하는 카레 루로 향채소와 허브 향이 산뜻하고, '자바 카레'는 골든 카레보다 향이 더 강하다. 모두 이국적인 맛이 특징이므로, 인도요리나 태국요리를 좋아하는 사람에게 추천한다.

엄마의 맛 카레 루

어린이들이 좋아하는 달콤한 카레 루로 발매 후 세계 시장을 석권한 '사과와 꿀'로 유명한 '바몬드 카레'. 존재감이 워낙 크다 보니 이 분야에서는 경쟁 상대가 없다. 바몬드 카레의 맛을 어린 시절 엄마가 만들어주던 카레맛으로 기억하는 사람도 많다.

가정식

Q | 루 카레는 어떤 냄비에 만들어야 좋은가요?

루 카레는 오랫동안 푹 끓이는 요리라고 생각하는 사람이 많은데, 실제로는 재료를 먼저 볶은 다음에 끓여야 합니다. 카레를 끓일 때는 불에 올려두기만 하면 되지만, 볶을 때는 재료가 골고루 익도록 잘 젓거나 냄비를 계속 움직여야 하기 때문에 손잡이가 한쪽만 달린 편수냄비를 선택하는 것이 좋습니다.

불소수지가공(테프론) 편수냄비
루 카레를 만들기에 가장 적합한 냄비. 한쪽 손으로 냄비를 자유롭게
움직일 수 있어 재료를 볶을 때 안성맞춤이다.
어느 정도 깊이가 있기 때문에 재료를 끓일 때도 좋다.

프라이팬
볶는 과정이 중요한 루 카레를 만들 때
도움이 되는 도구이다.
특히 속이 깊은 프라이팬이 좋다.

압력솥
단시간에 두툼한 고깃덩어리도
부드럽게 익힐 수 있어서
유용하다. 이 책에서는
전기 압력솥이 아닌
일반 압력솥을 사용하였다.

무쇠냄비
'르쿠르제'나 '스타우브' 같은
프랑스 제품이 인기가 높다.
열전도율과 보온성이 뛰어나 푹 끓일 때
편리하지만, 냄비 자체가 무겁다는
단점이 있다.

함마톤 편수냄비
재질이 알루미늄이지만 얇아서
눌어붙기 쉬우므로 주의한다.

양수냄비
편수냄비에 비해 한손으로
냄비를 움직이기 힘들어서
재료를 볶을 때 불편하다.
너무 무거운 냄비도 피하는 것이 좋다.

알루미늄냄비
두껍고 열전도율이 뛰어나지만,
기름을 충분히 사용하지 않으면
재료가 잘 익지 않는다.
알루미늄냄비를 써왔던 사람에게는
추천할 만하다.

A | 루 카레는 편수냄비에 만들어야 편리해요.

루 카레를 만들 때 카레를 불에 올린 다음 완성될 때까지 줄곧 사용하는 도구가 있습니다. 바로 나무주걱인데, 재료를 볶을 때, 끓일 때, 카레 루를 녹여서 골고루 섞을 때 등 유용한 만능 도구이므로 꼭 준비하세요.

나무주걱

나무주걱은 냄비 속을 구석구석 저을 수 있어 좋다. 냄비 바닥이나 가장자리에 들러붙은 재료를 깔끔하게 떼어낼 수 있고, 재료의 모양을 망가트리지 않아서 좋다. 모서리가 둥글고, 끝이 살짝 휘어진 손잡이 부분이 두툼해서 잡기 편한 것을 고른다.

계량컵

물을 너무 많이 넣으면 싱거워지므로 계량컵을 사용하는 깃이 좋다.

스푼

맛을 볼 때 편리하다.

부엌칼

보통 크기의 부엌칼 한 자루만 있으면 된다. 작은 칼은 채소를 다듬을 때 편리하다.

국자

완성된 카레를 그릇에 담을 때 사용한다.

볼

다듬은 재료를 담아놓거나, 고기에 밑간을 할 때, 또는 소스에 재워둘 때 사용한다. 체와 볼이 세트로 구성된 제품을 사용하면 더 편리하다.

도마

고기나 어패류를 자른 후에는 젖은 행주로 닦거나 물로 씻는 것이 좋다.

튀김용 젓가락

뜨거운 냄비에 카레 루를 넣어서 녹일 때 튀김용 젓가락에 루를 끼워서 넣고 녹이면 다른 재료의 모양을 망가트리지 않고 깔끔하게 요리할 수 있다.

믹서

믹서 대신 푸드 프로세서나 핸드믹서를 사용해도 좋다.

CONTENTS

이 책의 활용법 ● 1Ts은 15㎖, 1ts은 5㎖, 1컵은 200㎖. ● 재료의 분량은 각 요리별로 표시. ● 시중에 판매되는 카레 루는 제조사별로 분량(g)이 다르다. 이 책에서는 '＊인분'으로 표시. ● 프라이팬(냄비)은 바닥이 두껍고 불소수지 가공된 제품을 사용하는 것이 좋다. 이 책에서는 지름 21cm인 편수냄비를 사용하였으며, 냄비의 크기나 재질에 따라 열전도나 수분을 없애는 방법 등이 달라진다. ● 불의 세기는 '냄비 바닥에 불꽃이 세게 닿는 정도'를 강한 불, '냄비 바닥에 불꽃이 살짝 닿는 정도'를 중간 불, '냄비 바닥에 불꽃이 닿을락 말락 하는 정도'를 약한 불이라고 한다. ● 뚜껑은 냄비 크기에 딱 맞고, 밀폐되는 것을 사용한다. ● 완성 사진은 기본적으로 1~2인분을 그릇에 담은 것이다. 레시피 옆에 실린 사진에는 만드는 순서에 해당하는 번호를 표시하였다.

4　색다른 재료로 만드는 루 카레의 맛의 변신

5　깜짝 놀랄 만한 루 카레의 숨은 비법 공개

6　변신이 즐거운 루 카레의 세계

Q | 맛있는 카레를 만드는 비결은 무엇일까요?

카레를 맛있게 만드는 비결은 무수히 많습니다.
가장 핵심이 되는 내용과 중요 포인트를 하나의 레시피로 정리했습니다.

재료 : 4인분

- 식용유 3Ts
- 생강 2조각
- 양송이 8개
- 쇠고기 등심(스테이크용) 350g

- 양파 1개
- 홍고추(말린 것) 2개
- 셀러리 10㎝
- 토마토 퓌레 2Ts

- 마늘 2조각
- 카레 루 3인분
- 간장 1Ts
- 물 3컵

- 버터 10g
- 생크림 50㎖
- 소금, 후추 조금

HOW TO MAKE 1

밑준비 양파를 잘게 다진다.

2

마늘, 생강, 셀러리는 강판에 간다.

3

양송이는 두껍게 썬다.

4

쇠고기는 가지런히 늘어놓고 소금과 후추를 뿌려서 밑간을 한다.

※냄비는 실제 크기

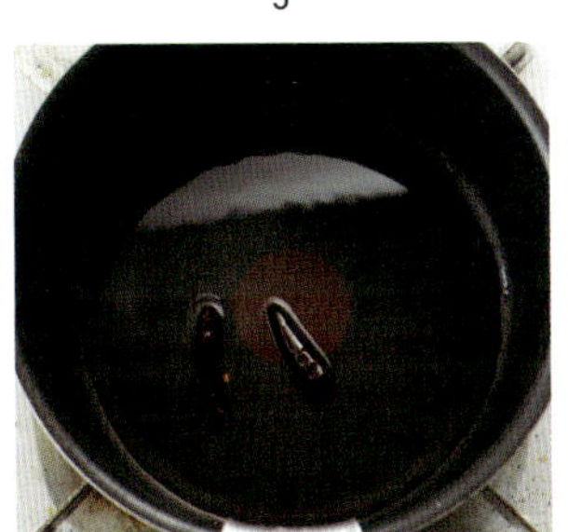

5

냄비에 식용유를 두르고 중간 불로 가
열한 다음, 홍고추를 넣고 검게 변할 때
까지 충분히 볶는다.

6

양파를 넣고 강한 불로 올리고, 양파를
냄비 바닥에 고르게 펼쳐둔다. 1분마다
섞으면서 3분 정도 볶는다.

7

양파가 익어서 갈색으로 변하기 시작하
면 전체적으로 가끔씩 섞으면서 4분 정
도 볶는다.

8

물 50㎖(분량 외)를 넣고 전체를 골고루
섞는다.

※냄비는 실제 크기

9	10	11	12

물기를 없애면서 볶는다.

나무주걱을 빠르게 저으면서 3분 정도 볶는다.

물기가 없어져 양파가 탈 것 같으면 물 50㎖(분량 외)를 더 넣고 골고루 섞으면서 볶는다.

양파가 짙은 갈색으로 변할 때까지 볶는다. 볶는 시간은 총 15분 정도가 적당하다.

※냄비는 실제 크기

13	14	15	16
마늘, 생강, 물 100㎖(분량 외)를 넣는다.	물기가 없어질 때까지 볶은 다음, 셀러리를 넣는다.	물기가 없어질 때까지 볶은 다음, 토마토 퓌레를 넣고 섞는다.	물을 1컵씩 3번에 걸쳐 나누어 넣고, 넣을 때마다 팔팔 끓인다.

※냄비는 실제 크기

17	18	19	20

끓을 때 거품이 생기면 걷어낸다.	양송이와 간장을 넣고 끓인다.	약한 불로 15분 정도 끓인다.	불을 끄고 카레 루를 넣고, 녹이면서 골고루 섞는다.

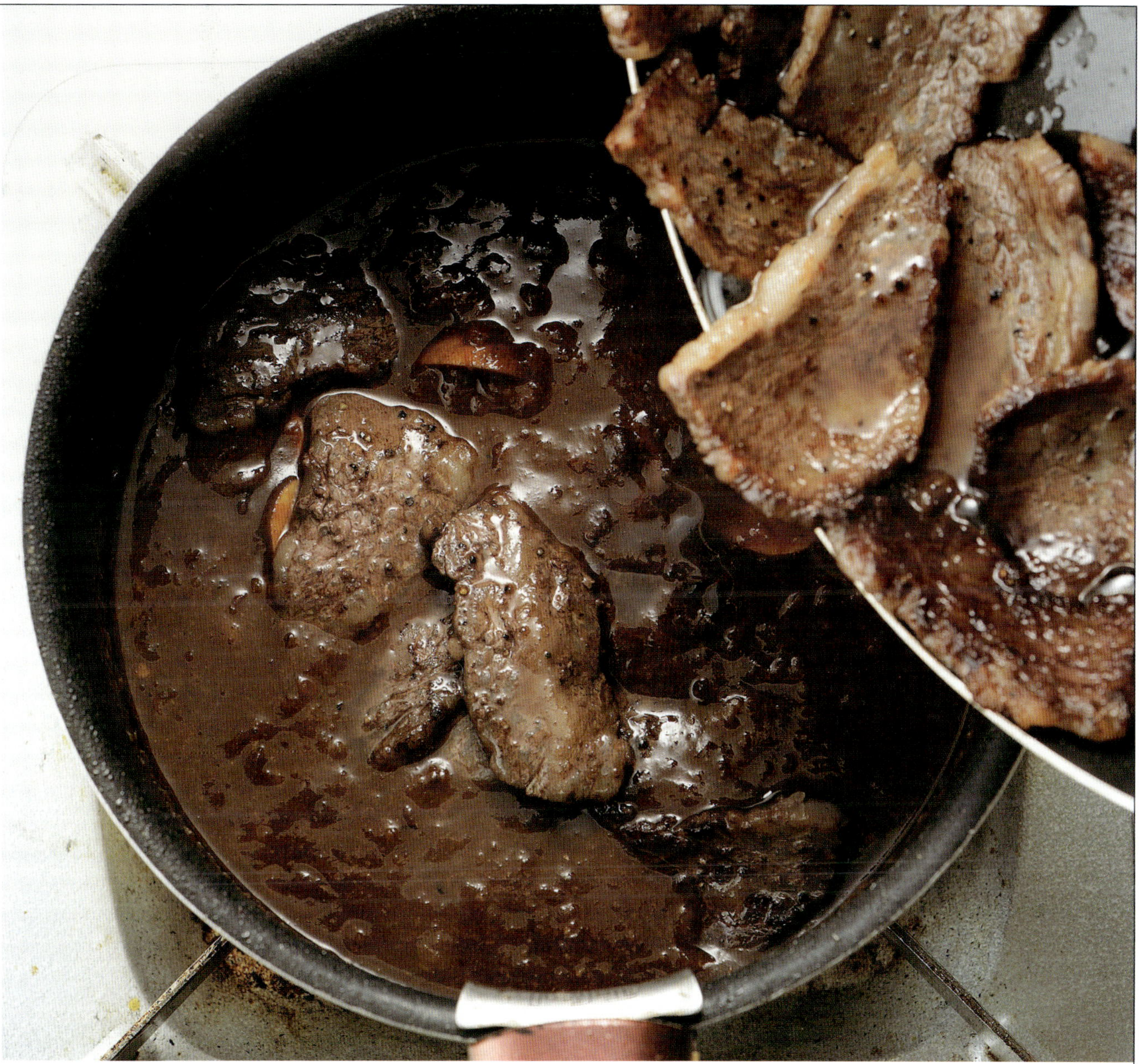

21	22	23	24

다시 약한 불로 끓인다.	프라이팬에 버터를 두르고 쇠고기를 중간 불로 잘 굽는다.	카레 냄비에 구운 쇠고기를 넣는다.	전체를 골고루 섞는다.

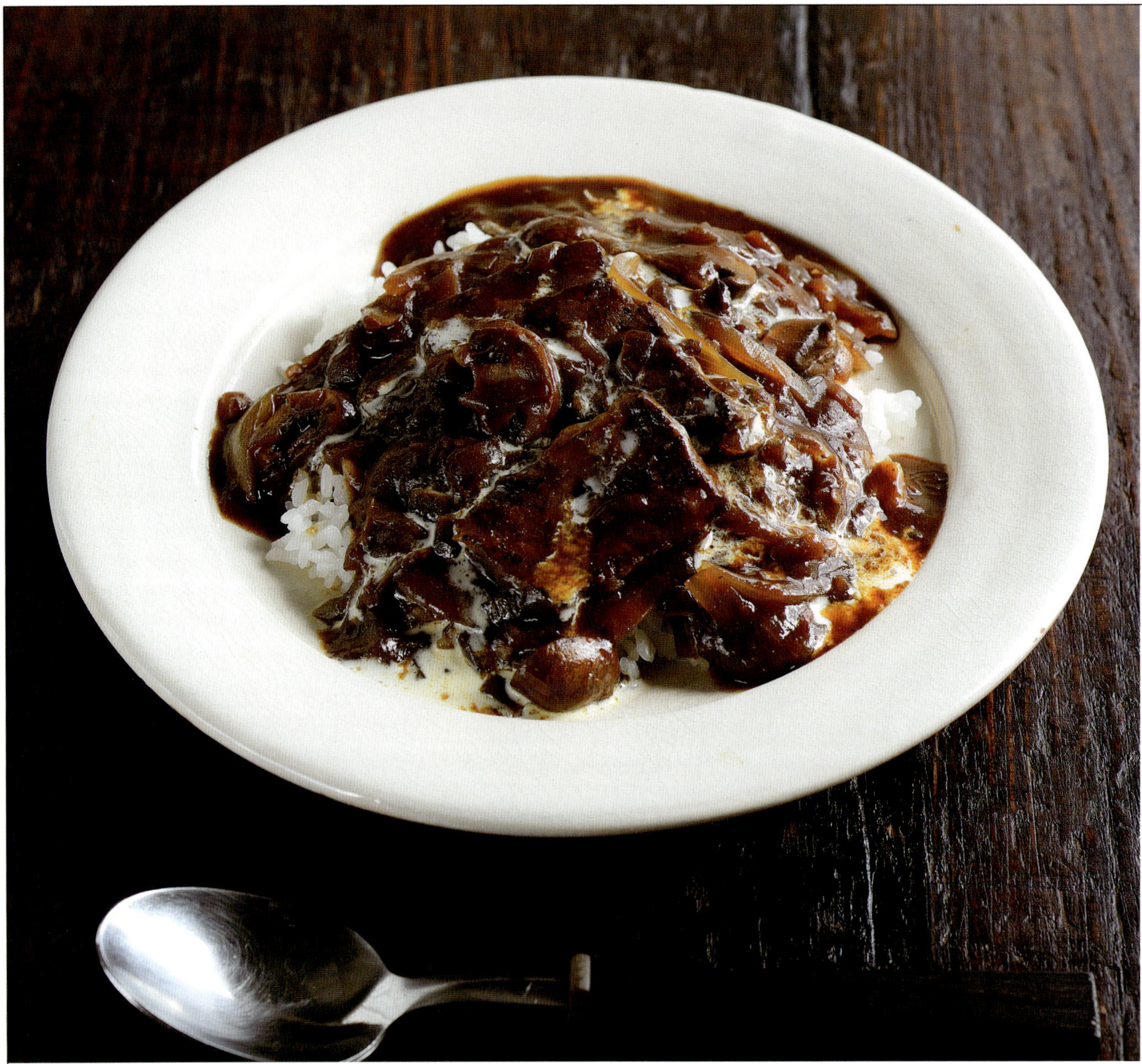

25

적당히 걸쭉해질 때까지 끓인다.

26

접시에 밥을 담는다.

27

밥 위에 카레를 얹는다.

28

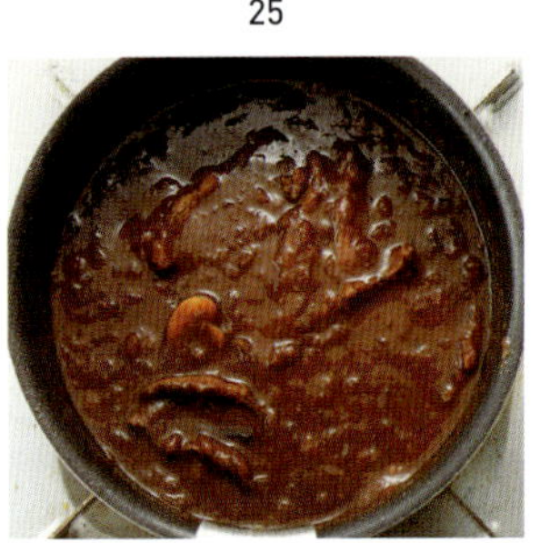

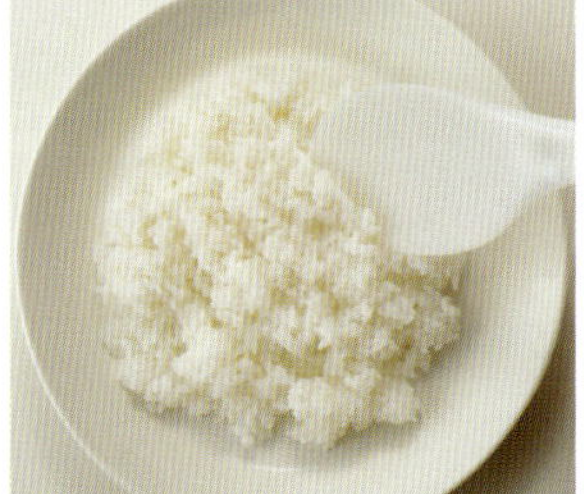

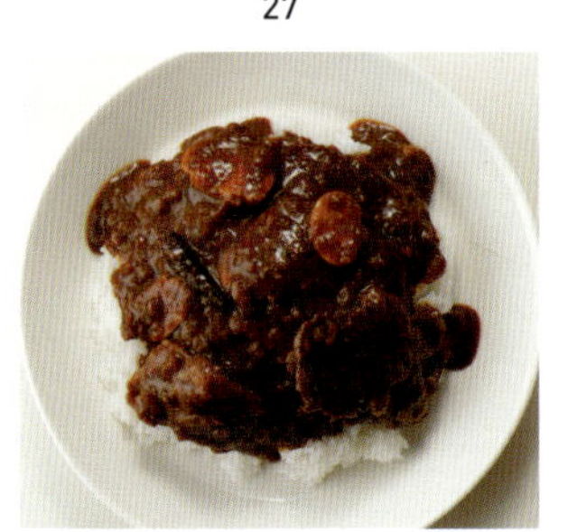

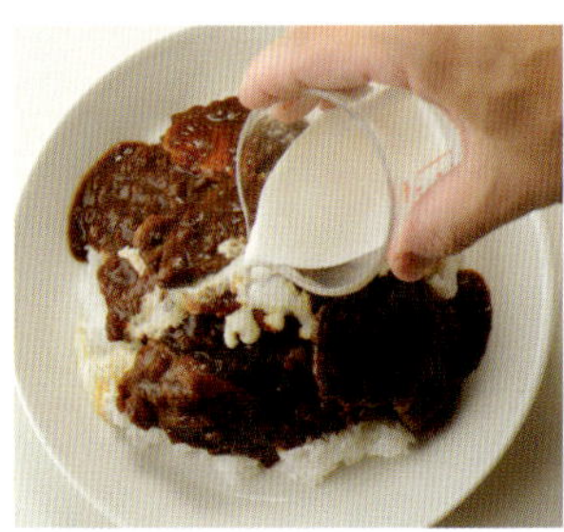

생크림을 뿌린다.

I

카레 루의 브랜드마다 개성 살린 레시피

어떤 카레 루를 사용하느냐에 따라 완성된 카레의 맛은 크게 달라집니다.
진한 맛이 나는 카레, 고급스러운 느낌의 카레,
엄마의 맛이 물씬 풍기는 카레, 향이 강한 카레……
저마다 다른 개성을 충분히 살릴 수 있는
식재료의 선택 방법과 조리 방법을 소개할게요.

Q | 카레를 하룻밤 재우면 더 맛있어지나요?

내일이 기대되는
감칠맛 카레

재료 : 4인분

- 식용유 2Ts
- 양파(굵게 다지기) 1개
- 당근(간 것) $\frac{1}{2}$개
- 토마토(토막썰기) 1개
- 물 3컵
- 삼겹살(얇게 썰어서 소금·후추로 밑간) 250g
- 생강(두껍게 썰기) 4조각
- 감자(크게 마구 썰기) 2개
- 카레 루(바몬드 카레) 3인분
- 완두콩(소금물에 삶기) $\frac{1}{2}$컵

HOW TO MAKE

1 프라이팬에 식용유를 두르고 중간 불로 가열한 다음,

  양파를 넣고 중간 불보다 조금 센 불로 볶는다.

  탈 것 같으면 조금씩 물을 넣으면서 짙은 갈색으로 변할 때까지 10분 정도 볶는다.

2 당근을 넣고 물기가 완전히 날아갈 때까지 볶은 다음, 토마토를 넣고 다시 볶는다.

3 물을 넣고 끓이다가 돼지고기와 생강, 감자를 넣고 골고루 섞는다.

4 뚜껑을 덮지 않고 약한 불로 20분 정도 끓인 다음 생강을 건져낸다.

5 불을 끄고 카레 루를 넣어 잘 섞는다.

6 완두콩을 넣고 적당히 걸쭉해질 때까지 끓인다.

7 상온에서 식힌 다음, 다시 한 번 끓이면서 잘 저어준다.

2

2

4

A | 하룻밤 재우면 카레는 더 맛있어집니다. 일단 식혀서 다시 데우기만 해도 더 걸쭉하고 부드러운 맛을 느낄 수 있어요.

닭고기를 넣은
여름채소 카레

재료 : 4인분

- 식용유 2Ts
- 양파(작게 마구 썰기) $\frac{1}{2}$ 개
- 닭다리살 200g
- 소금누룩 2Ts
- 물 2.5컵
- 카레 루(고쿠마로 카레) 3인분 
- 가지(마구 썰기) 3개
- 모로헤이야(토막썰기) 1다발
- 토마토(토막썰기) 작은 것 2개

※ **소금누룩** 누룩에 소금과 물을 넣고 발효, 숙성시켜서 만든 천연조미료.
절임 등에 소금 대신 사용한다.

HOW TO MAKE

1 **밑준비** 닭고기를 소금누룩에 골고루 버무려서 30분 정도 재운다.
2 프라이팬에 식용유를 두르고 중간 불로 가열한 다음,
양파를 넣고 숨이 죽을 때까지 볶는다.
3 1의 닭고기를 넣고 전체적으로 색이 변할 때까지 볶는다.
4 물을 넣고 팔팔 끓으면, 약한 불로 줄여서 10분 정도 더 끓인다.
5 불을 끄고 카레 루를 넣어서 잘 섞는다.
6 튀김옷을 입히지 않고 180℃ 기름에서 그대로 튀겨낸 가지와
모로헤이야, 토마토를 넣고 적당히 걸쭉해질 때까지 끓인다.

소금누룩

3

6

A | 여름은 카레에 들어가는 채소가 가장 맛있는 계절입니다. 채소의 맛과 색감을 잘 살린 카레를 만들어보세요!

Q 밥과 궁합이 잘 맞는 카레 레시피를 알려주세요.

버섯 듬뿍
돼지고기 카레

재료 : 4인분

- 돼지고기(간 것) 150g
- 만가닥버섯 $\frac{1}{2}$ 팩
- 잎새버섯 1팩
- 레몬즙 $\frac{1}{2}$ 개 분량
- 뜨거운 물 300㎖
- 카레 루(더 커리) 1.5인분
- 쪽파(잘게 다지기) 20뿌리

A
- 녹말 1Ts
- 달걀(푼 것) 1개
- 라유(고추기름) 1Ts
- 식용유 1ts

B
- 생강즙 1Ts
- 간장 1ts
- 설탕 1ts

HOW TO MAKE

1 **밑준비** 돼지고기는 소금과 후추로 밑간을 하고, 카레 루는 분량의 뜨거운 물에 녹인다.

2 **밑준비** 볼에 A를 넣고 잘 섞은 다음 1의 돼지고기를 재운다.

3 다른 그릇에 B를 잘 섞어놓는다.

4 프라이팬에 식용유를 두르고 중간 불보다 조금 센 불에서 가열한 다음,
  2의 돼지고기와 양념을 모두 넣고 고기가 노릇노릇해질 때까지 볶는다.

5 버섯 종류를 모두 넣고 숨이 죽을 때까지 볶는다.

6 3의 양념과 레몬즙을 넣고 국물이 졸아들 때까지 2분 정도 볶는다.

7 1의 카레 소스를 넣고 팔팔 끓인 다음,
  중간 불로 줄이고 쪽파를 넣어서 걸쭉해질 때까지 끓인다.

2

4

6

A 베이스는 진하게, 마무리는 깔끔하게! 이것이야말로 밥과 잘 어울리는 카레죠! 

Q | 남은 카레를 다음 날 더 맛있게 먹는 방법을 알려주세요.

간장으로 맛을 조금 진하게 만들고, 밥을 넣어 잘 섞어요. 오븐에 가열할 때는 치즈의 진한 맛과 로즈메리의 향을 잘 살리는 것이 중요해요. **- 미즈노 진스케**

로즈메리의 향이 살아있는
오븐 치즈 카레밥

1

4

5

재료 : 4인분

- 카레 루(골든 카레) 4인분
- 뜨거운 물 적당량
- 식용유 1Ts
- 돼지 목살(굵게 다지기) 250g
- 오크라(둥글게 썰기) 10개
- 방울토마토(2등분) 10개
- 밥 4인분
- 간장 조금
- 모짜렐라 치즈 적당량
- 달걀 4개
- 로즈메리 4줄기

HOW TO MAKE

1 **밑준비** 뜨거운 물에 카레 루를 녹인다.

2 프라이팬에 식용유를 두르고 중간 불로 가열한 다음, 돼지고기가 노릇노릇하게 구워질 때까지 볶는다.

3 오크라와 방울토마토를 넣고 다시 볶는다.

4 1의 카레 소스를 넣고 팔팔 끓인다.

5 밥과 간장을 넣고 잘 섞은 다음 불을 끈다.

6 내열접시에 1인분씩 옮겨 담고, 치즈, 달걀, 로즈메리를 얹은 후 250℃ 오븐에서 15분 정도 가열한다.

A | 다음 날 카레를 먹을 때는 밥과 비벼서 오븐에 데워 먹으면 두 배로 맛있어요!

Q | <u>카레 루로 만들 수 있는 참신한 요리는 어떤 것이 있나요?</u>

칠리 대신 카레 루를 넣은
루 콘 카르네

재료 : 4인분

- 카레 루(자바 카레) 4인분
- 쇠고기(간 것) 300g
- 레디컷 토마토 통조림 400g
- 강낭콩 통조림(물로 살짝 씻어서 소쿠리에 건져 놓는다) 400g
- 양파(잘게 다지기) 1개
- 마늘(잘게 다지기) 1쪽
- 피망(1㎝ 깍둑썰기) 4개
- 올리브유 1.5Ts
- 뜨거운 물 1.5컵
- 소금 $\frac{1}{2}$ts

HOW TO MAKE

1 **밑준비** 뜨거운 물에 카레 루를 녹인다.

2 프라이팬에 올리브유를 두르고 중간 불보다 조금 센 불로 가열한 다음,
  마늘을 노릇노릇 바삭하게 굽고, 양파를 넣는다.

3 양파가 갈색으로 변하면 쇠고기 간 것을 넣고 중간 불로 볶는다.

4 쇠고기가 익으면 1의 카레 소스를 넣고 잘 섞은 다음,
  토마토와 강낭콩 통조림을 넣고 가끔씩 저으면서 15분 정도 끓인다.
  카레 소스를 넣을 때는 물기가 없는 상태이므로 소스를 흘리듯이 넣는 것이 좋다.

5 피망과 소금을 넣고 가끔씩 냄비 바닥까지 잘 저으면서 10분 정도 끓인다.

6 불을 끄고 그릇에 담는다.

A | <u>카레 루는 어떠한 재료와도 잘 어울려요. 특히 마늘이나 피망의 향과 잘 맞아요.</u>

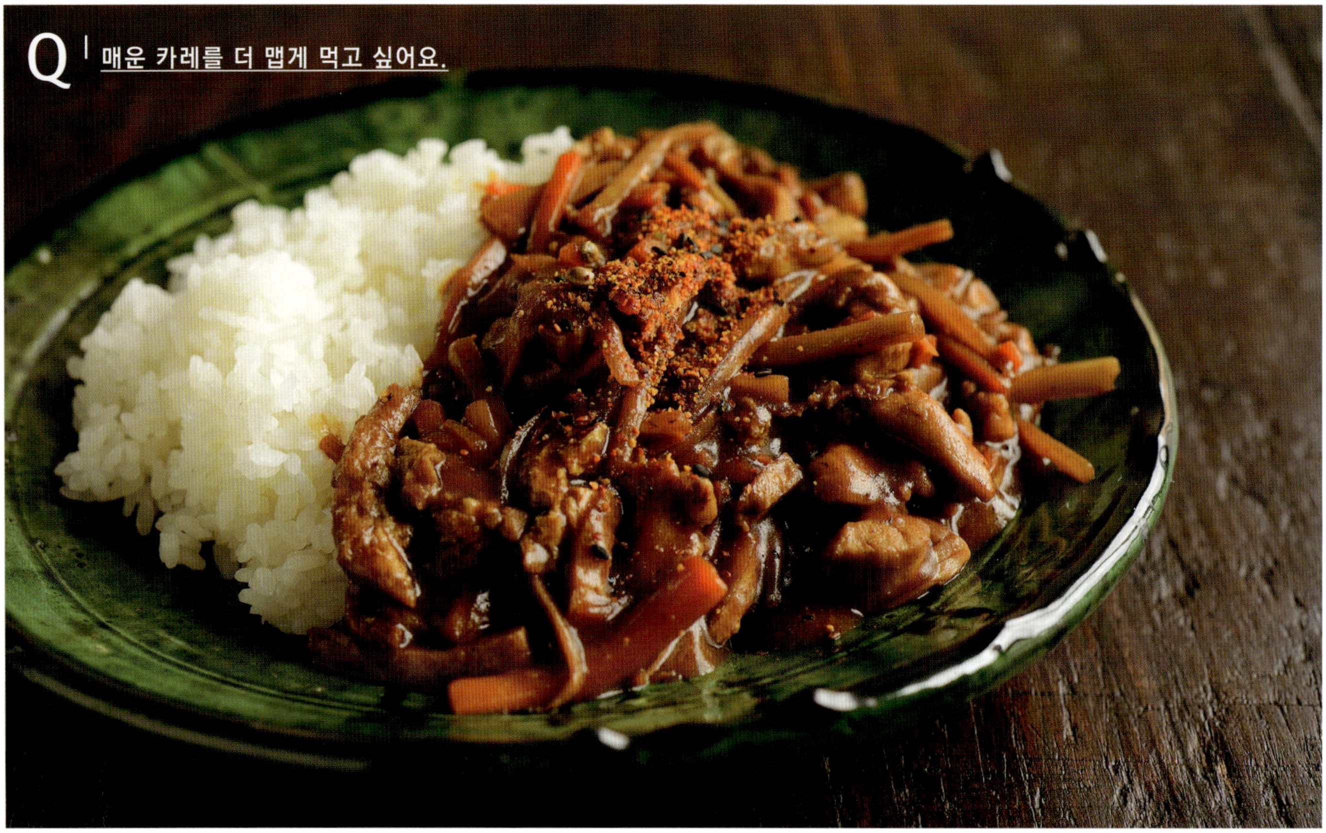

1

매콤하게 즐기는
우엉 시치미 카레

재료 : 4인분

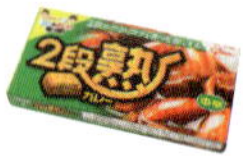

- 카레 루(니단주쿠 카레) 3인분
- 우엉(채썰기) 작은 것 2개
- 당근(채썰기) 2개
- 검은깨 1Ts
- 라유(고추기름) 1ts
- 참기름 2Ts
- 간장 1Ts
- 유부 100g
- 닭다리살(크게 한입 썰기) 300g
- 청주 50㎖
- 물 2.5컵
- 시치미 적당량

HOW TO MAKE

1 프라이팬에 참기름을 두르고 강한 불에 올린 다음, 바로 우엉과 당근을 넣어서 볶는다.

2 당근이 익으면 닭고기를 넣는다.

3 닭고기가 익기 시작하면 청주와 간장을 넣고 알코올 성분이 날아가도록 볶는다.

4 충분히 익으면 가늘게 썬 유부와 검은깨를 뿌리고 라유(고추기름)를 넣어 골고루 섞는다.
  깨를 넣을 때 손가락으로 깨를 으깨서 넣으면 고소한 향이 살아난다.

5 물을 넣고 팔팔 끓으면 불을 끄고, 루를 넣어서 잘 녹인다.
  마지막으로 시치미를 취향에 맞게 뿌린다.

※ **시치미(시치미토가라시)** 고추, 깨 등 7가지 향신료를 섞어서 만든 일본의 조미료.

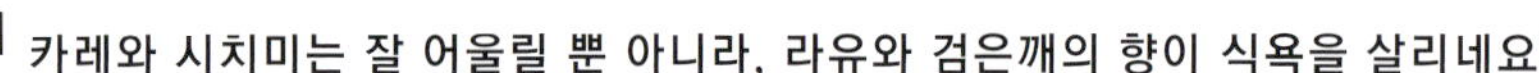

A | 카레와 시치미는 잘 어울릴 뿐 아니라, 라유와 검은깨의 향이 식욕을 살리네요! 

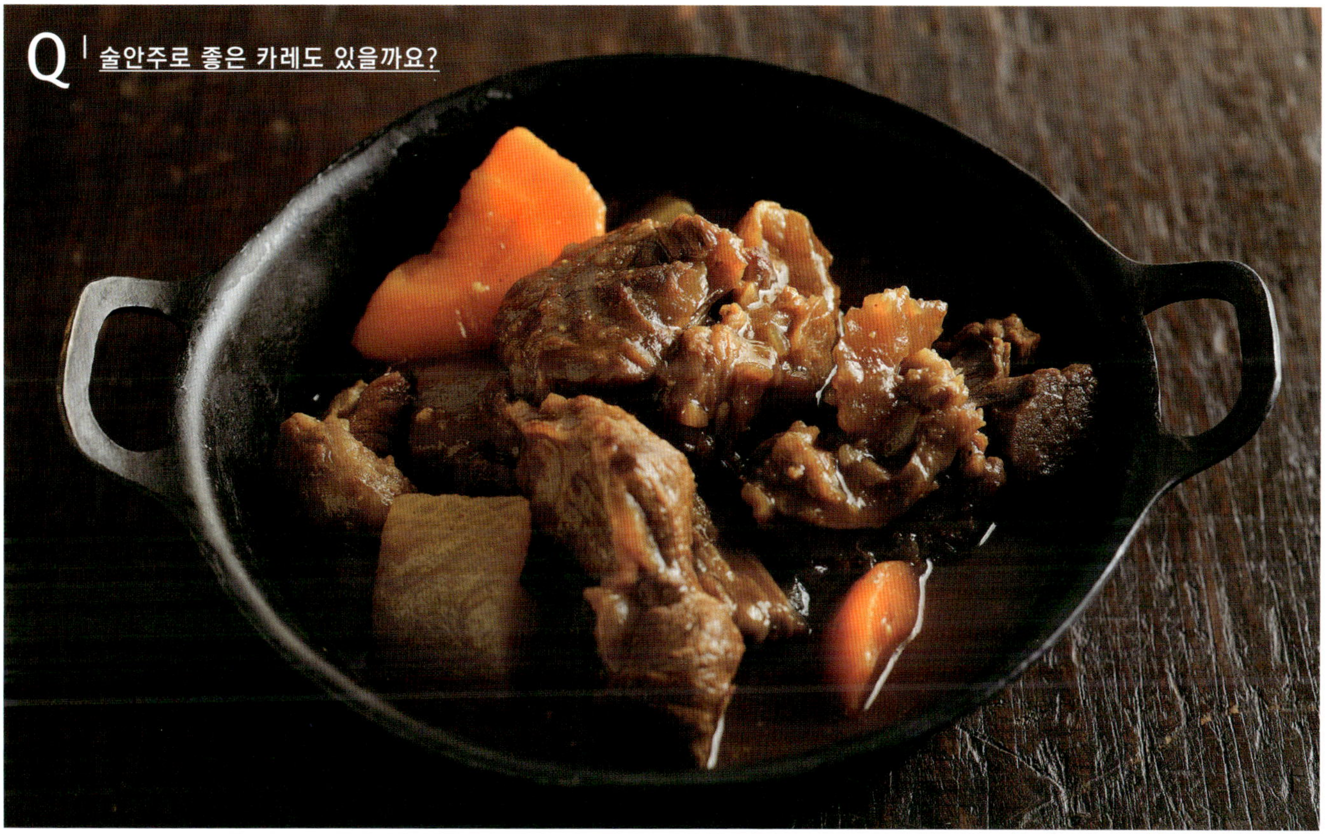

쫀득쫀득 씹히는
사태조림 카레

2

재료 : 4인분

- 쇠고기(사태) 500g
- 소금·후추 조금
- 식용유 2Ts
- 카레 루(디너 카레) 4인분

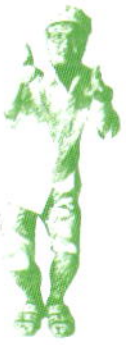

A

- 양파(빗모양 썰기) 1개
- 당근(마구 썰기) 1개
- 무(마구 썰기) 4/1개
- 마늘·생강(간 것) 1Ts
- 아와세 미소 1Ts
- 청주 1컵
- 간장 2Ts
- 물 4컵
- ※ **아와세 미소** 두 가지 이상의
  미소된장을 섞어놓은 것.

HOW TO MAKE

1. 프라이팬에 식용유를 두르고 중간 불에 올려서 가열한 다음,
   소금과 후추로 밑간을 한 쇠고기 사태의 겉이 노릇해질 때까지 볶는다.

2. 압력솥에 구운 쇠고기 사태와 A를 넣는다.
   압력솥을 사용하면 무와 당근, 쇠고기가 짧은 시간에 부드럽게 익는다.

3. 압력핀이 올라올 때까지 강한 불로 가열하고,
   핀이 올라오면 약한 불로 낮추어서 30분 정도 더 끓인다.

4. 30분이 지나면 불을 끄고 핀이 내려갈 때까지 기다린다.
   핀이 내려가면 뚜껑을 열고 거품을 걷어낸다.

5. 어느 정도 식으면 카레 루를 넣고 녹인다.

6. 루가 녹으면 다시 약한 불에 올리고 10분 정도 잘 저으면서 끓인다.

Q | <u>무를 카레 재료로 사용할 수 있을까요?</u>

무를 갈아 넣은
쇠고기 카레

재료 : 4인분

- 쇠고기(샤브샤브용) 350g
- 양파(두껍게 썰기) 1개
- 만가닥버섯(밑동 자르고 작게 나누기) 1팩
- 무(간 것, 가운데) 약 10㎝
- 간장 2Ts
- 맛술 2Ts
- 다시노모토 1Ts
- 물 3컵
- 카레 루(도로케루 카레) 3인분
- 식용유 2Ts

※ **다시노모토** 가쓰오부시, 다시마 등을 가루로 만든 것으로 국물맛을 내는 데 사용한다.

HOW TO MAKE

1 프라이팬에 식용유를 두르고 중간 불로 가열하여 양파를 숨이 죽을 때까지 볶다가
   한입 크기로 썬 쇠고기를 넣고 계속 볶는다.

2 쇠고기가 익기 시작하면 만가닥버섯을 넣고 살짝 볶는다.

3 물, 간장, 맛술, 다시노모토를 넣는다.

4 끓기 시작하면 갈아서 물기를 뺀 무를 넣고 중간 불로 10분 정도 끓인다.
   무를 물기가 있는 채로 넣으면 향이 너무 강해지므로 무를 간 다음 꽉 짜서 넣어야 한다.

5 불을 끄고 잠시 기다렸다가 카레 루를 넣어서 잘 녹인다.

6 루가 완전히 녹으면 다시 약한 불에 올리고, 잘 저으면서 3분 정도 끓인다.

3

4

5

A | <u>무를 갈아서 넣으면 맛있는 카레를 만들 수 있어요! 물론 한입 크기로 잘라서 카레에 넣어도 된답니다.</u>

Q │ **딱딱한 재료와 부드러운 재료를 카레에 함께 넣어도 되나요?**

육류는 압력솥을 사용하여 부드럽게 만드세요. 압력솥이 없다면 육류는 미리 끓여서 넣고, 색이 금방 변하는 채소는 마지막에 넣어야 맛있는 카레가 완성됩니다. - **봉주르 이시이**

살살 녹는
닭날개 카레

재료 : 4인분

- 양파(잘게 다지기) 2개
- 당근(2㎝ 마구 썰기) 1개
- 생강 1조각
- 마늘 2조각
- 셀러리 $\frac{1}{2}$개
- 토마토(빗모양으로 썰어서 2등분) 1개
- 파프리카(노랑, 잘게 다지기) 1개
- 오크라(동글게 썰어서 4등분) 5~7개

- 꽈리고추 10개
- 방울토마토(2등분) 12개
- 닭날개 6~8개
- 버터 16g
- 카레 루(ZEPPIN 카레) 2인분
- 물 2.5컵
- 식용유 4Ts

1

3

6

HOW TO MAKE

1 프라이팬에 식용유를 두르고 강한 불로 달구어서 양파를 볶는다.
  중간에 마늘과 생강, 셀러리, 물 200㎖를 믹서에 갈아서 넣고,
  갈색으로 변할 때까지 잘 볶는다.
  믹서가 없으면 강판에 갈아도 되지만, 액체 상태로 만드는 편이 골고루 잘 섞인다.
2 카레 루가 타지 않고 볶은 양파와 잘 섞이도록 잘게 다져서 넣고 볶아서 수분을 날려보낸다.
3 닭날개와 토마토, 당근, 물 500㎖를 압력솥에 넣고 약 30분 끓인다.
4 불을 끄고 압력핀이 내려갈 때까지 식힌다. 물을 뿌려서 식혀도 좋다.
5 2에 3의 국물을 부은 다음, 파프리카와 방울토마토, 꽈리고추, 오크라를 넣고 살짝 끓인다.
  압력솥에 끓인 3의 재료를 넣고 잘 섞는다.
6 버터와 소금으로 간을 하면 완성.

A │ 익는 데 시간이 걸리는 재료는 카레 루를 넣기 전에 다른 냄비를 이용하여 미리 익혀두는 것이 좋아요.

Q | 카레 루는 어떤 재료로 만들어지나요?

대분류	원재료	바몬드	자바	고쿠마로	더 커리	골든	디너	도로케루	니단주쿠	ZEPPIN
기름	우지·돈지 혼합유 또는 라드	○	○	○	○		○		○	○
	식용유지(팜유, 카놀라유, 대두유)					○		○		
걸쭉함	밀가루	○	○	○	○	○	○	○	○	○
	전분	○	○	○	○		○			
	크리밍파우더		○							
	옥수수 전분								○	○
짠맛	소금	○	○	○	○	○	○	○	○	○
단맛	설탕(흑설탕)	○	○	○	○	○	○	○	○	○
	꿀	○				○				
	처트니(과일, 식초, 향신료 등을 넣어 만든 인도의 향신료)	○	○			○				
	글리세린									○
	환원물엿									○
향	카레파우더(분말)	○	○	○	○	○	○	○	○	○
풍미	카레오일		○	○						
매운맛	향신료	○	○	○	○	○	○	○		
	향신료 추출물	○	○	○	○					
	향료	○	○	○	○		○		○	○
색소	착색료(캐러멜, 파프리카 색소)	○	○	○	○	○	○	○	○	○
감칠맛	조미료(아미노산 등)	○	○	○	○	○	○	○	○	○
조미료	효모 진액	○	○	○	○	○			○	○
부용	단백가수분해물(돼지고기, 대두, 가다랑어, 정어리)					○			○	○
	간장(간장 가공품)					○			○	
	양조조미료					○				
	밀 발효 조미료		○							
	데미그라스 소스					○				○
	퐁드보 소스						○			
	분말 소스(소스 파우더)					○	○			○
	치킨 부용		○			○	○			
	포크 부용	○			○			○	○	○
	채소 부용	○		○						
신맛	산미료	○	○	○	○	○	○	○	○	○
	발사믹 소스					○				
	와인 비네거					○				
	레드와인					○				
유화제	유화제	○	○	○	○		○	○	○	○
유성분	분유(탈지분유)	○	○	○	○		○		○	○
	유당		○				○		○	○
	치즈(가공품)	○	○		○					
	버터밀크 파우더					○	○	○		
	버터(버터 오일)					○	○			○
	유청가루									○
채소	양파	○	○	○	○		○		○	○
	채소 진액		○	○						
	채소 페이스트		○							
	채소 파우더							○		
	양송이(페이스트)					○	○			○
	마늘(프라이드·진액·파우더)	○	○	○	○				○	○
	생강					○			○	○
과일	바나나(페이스트)	○					○		○	
	사과(페이스트·과즙·파우더)	○				○	○			
	토마토파우더	○								○
기타	코코아	○								
	참깨 페이스트	○								
	땅콩버터		○	○						
	포도당		○	○				○		
	탈지대두		○	○						
	맥아당		○							
	코코넛		○							
	향미유					○				

※ 2012년 10월 말 Tokyo Curry Bancho 조사

A | 카레 루의 재료를 브랜드별로 정리했습니다. 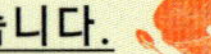

2

카레 루로 만들었다고는 생각할 수 없는 정통 카레의 맛

카레 루를 사용하면 카레를 간편하게 만들 수 있는 반면,
가정에서 흔히 먹는 카레 맛에서 벗어나기 어렵다고 생각하는 사람이 많습니다.
하지만, 그것은 사실이 아닙니다.
평소에 만들던 카레에 약간의 비법만 더하면
레스토랑에서 먹는 것 같은 맛있는 루 카레를 만들 수 있어요.

Q | 인도의 전통 음식인 버터치킨 카레를 카레 루로 만들 수 있나요?

땅콩버터

새콤+달콤+고소
루 버터치킨 카레

재료 : 4인분

- 닭다리살(작게 한입 썰기) 400g
- 홀토마토 통조림 1개
- 우유 1.5컵
- 카레 루 2.5인분
- 버터 60g
- 생크림 $\frac{1}{2}$컵
- 땅콩버터(알갱이 없는 것) 2Ts
- 마늘(간 것) 1Ts
- 생강(간 것) 1Ts
- 풋고추(잘게 다지기) 1개
- 식용유 $\frac{1}{2}$Ts

마리네이드 소스

- 요구르트 $\frac{1}{2}$컵
- 케첩 2Ts
- 마늘(간 것) $\frac{1}{2}$Ts
- 레몬즙 $\frac{1}{2}$Ts
- 흰 후추 조금
- 소금 조금

1

3

HOW TO MAKE

1 **밑준비** 볼에 마리네이드 소스 재료를 넣고 잘 섞은 다음,
　껍질을 벗겨 한입 크기로 썬 닭다리살을 넣어서 1시간 이상 재운다.

2 프라이팬에 버터를 두르고 마늘, 생강, 풋고추를 볶는다.
　향이 나기 시작하면 홀토마토 통조림을 넣고 으깨면서 볶는다.

3 우유와 땅콩버터를 넣고 중간 불로 10분 정도 끓인다.

4 불을 끄고 보글거림이 그치면 카레 루를 넣어서 녹인다.

5 다른 프라이팬에 식용유를 두르고 1의 닭다리살과 마리네이드 소스를 모두 넣고 굽는다.
　닭다리살을 구울 때는 뚜껑을 덮은 채로 중간 불에서 끓이듯이 굽다가,
　속까지 모두 익으면 뚜껑을 열고 물기가 없어질 때까지 약한 불에서 충분히 굽는다.

6 4의 프라이팬에 5의 닭고기와 생크림을 넣고, 약한 불에서 3분 정도 잘 저으면서 끓인다.

A | 물론 만들 수 있죠. 포인트는 땅콩버터와 생크림! 카레 루는 조금 적게 넣는 것이 좋아요. 

Q | <u>인도의 정통 키마 카레를 카레 루로 만들 수 있나요?</u>

1

1

2

간 고기 듬뿍
루 키마 카레

재료 : 4인분

- 양파(잘게 다지기) 2개
- 당근(잘게 다지기) 1개
- 생강 1조각
- 마늘 2조각
- 셀러리 5㎝
- 완두콩 200g
- 쇠고기+돼지고기(간 것) 500g
- 토마토 통조림 1개
- 요구르트 250g
- 카레 루 4인분
- 물 $1\frac{1}{4}$컵
- 파슬리(잘게 다지기) 적당량
- 식용유 4Ts

HOW TO MAKE

1 프라이팬에 식용유를 두르고 강한 불에 가열하여 양파를 넣고 볶는다.

   중간에 마늘, 생강, 샐러리, 물 200㎖를 믹서로 갈아서 넣고 갈색으로 변할 때까지 볶는다.

   믹서가 없으면 강판에 갈아도 되지만, 액체 상태로 만드는 편이 잘 섞인다.

2 카레 루가 타지 않고 볶은 양파와 잘 섞이도록 잘게 다져서 넣고 볶아서 수분을 날려보낸다.

3 2에 간 고기를 넣고 볶다가 당근도 넣고 함께 볶는다.

4 3에 토마토 통조림과 요구르트, 물 50㎖를 넣고 소금으로 간을 한다.

5 4에 완두콩을 넣고 살짝 익힌다.

6 마무리로 밥 위에 잘게 다진 파슬리를 뿌린다.

A | <u>물론 만들 수 있어요. 볶은 양파에 카레 루를 조금 넣고 수분이 없어질 때까지 볶는 것이 포인트!</u>

두툼한 고기가 사르르 녹는
삼겹살 조림 카레

재료 : 4인분

- 카레 루 3인분
- 식용유 1Ts
- 삼겹살(8×6㎝ 덩어리) 4개
- 물 2컵
- 간장 3Ts
- 사오싱주 1컵

※ **사오싱주(소흥주)** 찹쌀을 발효시켜서 만든 중국술.

A

- 양파(얇게 썰기) 1개
- 당근(간 것) $\frac{1}{2}$ 개
- 셀러리(간 것, 줄기) 약 8㎝
- 토마토 퓌레 3Ts
- 마늘(간 것) 1Ts
- 생강(간 것) 1.5Ts
- 검은 후추(굵게 간 것) $\frac{1}{2}$ Ts

HOW TO MAKE

1 **밑준비** 비닐팩에 간장, 사오싱주, 삼겹살을 넣고 냉장고에서 하루 정도 재운다.

2 프라이팬에 식용유를 두르고 중간 불로 가열한 다음,
   재워둔 삼겹살을 올리고 겉이 골고루 익을 때까지 굽는다.

3 구운 삼겹살과 A, 그리고 1에서 삼겹살을 재워두었던 양념까지 모두 압력솥에 넣는다.

4 압력솥을 강한 불에 올리고 압력핀이 올라올 때까지 계속 끓인다.
   압력핀이 올라오면 약한 불로 줄이고 45분 정도 더 끓인다.
   45분이 지나면 불을 끄고 압력핀이 내려올 때까지 기다린다.

5 압력핀이 내려오면 뚜껑을 열고 위에 떠 있는 거품과 기름을 걷어낸다.
   이때 기름을 모두 걷어내지 말고 적당히 남겨두는 것이 맛을 내는 비결이다.

6 뜨거운 김이 좀 사라지면 카레 루를 넣어서 녹인다.

7 루가 녹으면 다시 약한 불에 올리고 계속 저으면서 10분 정도 끓인다.

1

3

5

A | 압력솥을 사용하면 짧은 시간에 효율적으로 맛있는 카레를 만들 수 있어요!
너무 오래 끓이면 재료 고유의 맛이 사라집니다.

3

5

6

3종 세트로 맛을 낸
루 코르마 카레

재료 : 4인분

- 카레 루(바몬드 카레) 6인분
- 닭다리살(한입 썰기) 300g
- 양파(잘게 다지기) 2개
- 감자(1.5cm 깍둑썰기) 4개
- 잎새버섯(밑동 자르고 먹기 좋게 찢기) 300g
- 마늘(간 것) 1조각
- 생강(간 것) 1조각

- 캐슈너트(물 2Ts을 넣고 믹서로 간 것) 50g
- 버터 2Ts
- 올리브유 1Ts
- 뜨거운 물 2.5컵
- 생크림 80㎖

HOW TO MAKE

1 프라이팬에 버터를 넣고 중간 불보다 조금 센 불에서 녹인 다음,
양파를 넣고 5분 정도 또는 옅은 갈색이 될 때까지 볶는다.
버터로 양파를 바싹 튀기듯이 볶는다.

2 마늘과 생강 간 것을 넣고 골고루 섞은 다음,
뜨거운 물 200㎖를 넣고 끓이다가 끓어오르면 불을 끈다.

3 2에 카레 루를 넣고 뚜껑을 덮는다. 10분 정도 지나서 루가 녹으면 잘 섞는다.

4 큼직한 프라이팬에 올리브유를 두르고 중간 불보다 조금 센 불로 가열한 다음,
닭고기, 감자, 잎새버섯을 넣고 잘 어우러질 때까지 저으면서 3분 정도 볶는다.

5 닭고기가 잘 익도록 뜨거운 물 300㎖를 넣고 5분 정도 끓인 다음,
3과 캐슈너트를 넣고 약한 불로 줄여서 캐슈너트가 잘 섞이도록 저어준다.

6 저으면서 5분 정도 끓인 다음 생크림을 넣고 다시 잘 섞는다.

카레 루(지중해 카레)

4

4

영양만점
치즈 시금치 카레

재료 : 4인분

- 카레 루(지중해 카레) 4인분
- 토마토(굵게 다지기) 1개
- 올리브유 2Ts
- 모짜렐라 치즈 100g
- 마늘(잘게 다지기) 1조각
- 뜨거운 물 2컵
- 양파(잘게 다지기) 1개
- 소금 $\frac{1}{2}$ts
- 시금치 1단
- 토핑용 생크림 1ts

※ **지중해 카레** 이탈리아산 토마토와 스페인산 올리브를 사용하여 깊은 맛을 낸 카레 루.

HOW TO MAKE

1 **밑준비** 뜨거운 물에 카레 루를 녹인다.

2 시금치 밑동을 자르고 소금을 넣은 끓는 물에 2분 정도 데친다.

  시금치가 식으면 믹서에 갈아서 페이스트를 만든다.

  시금치 페이스트를 미리 만들어 두면 조리 시간을 줄일 수 있다.

3 프라이팬에 올리브유를 두르고 중간 불보다 조금 센 불로 가열하여 마늘을 볶는다.

  마늘이 노릇노릇 바삭해지면 양파를 넣는다.

4 양파가 갈색으로 변하면 1과 2를 넣는다.

5 중간 불로 잘 저으면서 5분 정도, 또는 전체적으로 잘 어우러질 때까지 볶은 다음,

  토마토와 모짜렐라 치즈, 소금을 넣는다.

6 2분 정도 볶다가 불을 끈다.

7 그릇에 옮겨 담고 생크림을 뿌린다.

레드와인이 들어간
비프 카레

재료 : 4인분

- 양파(1㎝ 깍둑썰기) $\frac{1}{2}$ 개
- 당근(1㎝ 깍둑썰기) $\frac{1}{2}$ 개
- 당근(3㎝ 둥글게 썰기, 모서리 다듬기) 1개
- 마늘(으깨기) 2조각
- 셀러리(1㎝ 깍둑썰기) 10㎝
- 쇠고기 등심(크게 썰어서 소금·후추로 밑간) 550g
- 부케가르니 1봉지

- 레드와인 300㎖
- 식용유 2Ts
- 물 3.5컵
- 카레 루 3인분
- 생크림 적당량

※ **부케가르니** 타임, 파슬리, 셀러리, 월계수 등의 향채소를 함께 묶은 것으로 소스나 스톡의 향을 내는 데 사용한다. 없으면 생략해도 괜찮다.

1

5

HOW TO MAKE

1 **밑준비** 볼에 레드와인, 양파, 당근, 마늘, 셀러리, 쇠고기, 부케가르니를 넣고 2시간 정도 재운다.

2 냄비에 식용유를 두르고 중간 불로 가열한 다음, 1의 쇠고기를 건져서 물기를 빼고 넣는다.
강한 불로 겉이 골고루 익도록 구운 다음 그릇에 덜어놓는다.

3 1의 채소를 넣고 볶다가, 양파가 갈색으로 변하기 시작하면 1의 국물을 붓고 끓인다.
국물이 팔팔 끓으면 2의 쇠고기를 넣는다.

4 둥글게 썬 당근과 물을 넣고 끓이면서 거품을 걷어낸다.

5 뚜껑을 덮지 않고 중간 불을 조금 줄여 90분 정도 끓인다.
쇠고기가 살짝 잠기는 정도를 유지하도록 물을 조금씩 보충하면서 끓인다.

6 쇠고기와 둥글게 썬 당근을 건져내고, 국물은 체에 내려서 다시 냄비에 넣는다.
카레 루를 넣고 녹여서 섞는다.

7 냄비에 쇠고기와 당근을 다시 넣고, 적당히 걸쭉해질 때까지 끓인다.

8 그릇에 옮겨 담고 생크림을 뿌린다.

1

3

5

따끈하게 국물로 즐기는
닭다리 수프 카레

재료 : 4인분

- 닭다리(관절 부분에서 2등분) 큰 것 4개
- 올리브유 2Ts
- 양파(잘게 다지기) $\frac{1}{2}$ 개
- 셀러리(잘게 다지기) $\frac{1}{3}$ 개
- 마늘(잘게 다지기) 2조각
- 화이트와인 50㎖
- 닭육수 3컵
- 코코넛 밀크 1컵
- 가지(세로 2등분) 4개
- 카레 루 2인분
- 식용유 2Ts
- 소금 적당량

HOW TO MAKE

1 프라이팬에 닭다리를 껍질이 바닥에 닿게 올리고 겉이 바삭해질 때까지 굽는다.

2 닭고기를 그릇에 옮기고 프라이팬에 남은 기름을 닦은 다음, 올리브유를 두르고 가열한다.

3 양파, 셀러리, 당근, 마늘을 넣고 향이 날 때까지 볶는다.

4 화이트와인을 넣고 끓인 다음 닭육수를 넣고 다시 한 번 팔팔 끓인다.

5 2의 닭고기를 다시 넣고 코코넛 밀크를 부어서 약한 불로 1시간 정도 끓인다.

6 불을 끄고 카레 루를 넣어서 잘 섞는다.

7 튀김옷을 입히지 않고 부드럽게 튀긴 가지를 넣은 다음,
　적당히 걸쭉해질 때까지 끓여서 소금으로 간을 한다.

A ┃ 닭다리를 뼈 채 넣고 끓이면 걸쭉하지 않으면서도 깊은 맛이 나요. 

Q | 술을 카레에 활용하는 방법을 알려주세요.

매실주의 풍부한 향과 새콤달콤한 맛을 고기 속에 담아보세요. 하룻밤 정도 재워두는 것이 가장 좋지만, 1~2시간 정도만 재워도 충분! - **미즈노 진스케**

매실주

1

3

매실주에 절인
돼지갈비 & 램찹 카레

재료 : 4인분

- 돼지갈비   300g
- 램찹(바깥쪽 기름 제거) 작은 것 4개
- 소금·후추   조금
- 식용유   2Ts
- 양파(잘게 다지기) 작은 것 1개
- 마늘(간 것)   1조각 분량
- 생강(간 것)   1조각 분량
- 검은깨(간 것)   1ts
- 토마토 퓌레   1Ts
- 뜨거운 물   3컵
- 카레 루   3인분
- 코리앤더(잘게 다지기)   조금

마리네이드 소스

- 간장   1Ts
- 매실주   100㎖

HOW TO MAKE

1 **밑준비** 돼지고기와 램찹은 소금과 후추로 밑간을 해서 마리네이드 소스에 하룻밤 재워둔다.

2 냄비에 식용유를 조금(분량 외) 두르고 가열한 다음, 1의 돼지고기를 건져서 물기를 빼고 올린다. 겉이 바삭해질 때까지 볶은 돼지고기를 접시에 건져놓는다.

3 빈 냄비에 식용유를 두르고 가열하여 양파를 넣고 갈색으로 변할 때까지 볶는다.

4 마늘, 생강을 넣고 볶다가 1의 마리네이드 소스와 램찹을 넣고 다시 볶는다.

5 검은깨와 토마토 퓌레를 넣고 섞는다.

6 뜨거운 물을 붓고 팔팔 끓인 다음 2의 돼지고기를 냄비에 다시 넣어, 1시간 정도 약한 불로 끓인다.

7 불을 끄고 카레 루를 녹여서 잘 섞은 다음, 적당히 걸쭉해질 때까지 끓인다.

8 코리앤더를 넣고 잘 섞는다.

A | 매실주는 고기를 재우기에 가장 적합한 술이에요!

 **Q** | <u>어느 브랜드의 카레 루가 가장 맛있을까요?</u>

1위 카레 ZEPPIN
진한 맛과 향을 가진
루가 깊은 맛을 낸다.
73점

2위 디너 카레
송아지육수
(Fond de Veau)를
사용하여 맛이 좋다.
59점

3위 자바 카레
향신료의 매콤하고
진한 맛이 특징이다.
58점

4위 더 커리
별도로 첨부된
부용(bouillon) 페이스트가
맛을 결정한다.
47점

5위 골든 카레
35가지 향신료가 들어가
향이 특별하다.
46점

6위 바몬드 카레
사과와 꿀이 들어간
달콤한 카레의 대표주자.
40점

7위 고쿠마로 카레
갈색으로 볶은 양파가
진하고 부드러운 맛을 낸다.
38점

8위 도로케루 카레
10가지 채소를 푹 끓여서
만든 부드러운 맛이
입안 가득 퍼진다.
36점

9위 니단주쿠 카레
2단으로 이루어진 루가
감칠맛과 깊은 향을 낸다.
35점

※ 이 점수는 Tokyo Curry Bancho의 독자적인 의견에 근거한 것입니다(80점 만점).

미즈노(이하 미)　바몬드 카레는 어때?

오쇼(이하 오)　별다른 특징이 없고, 전체적으로도 지나치거나 부족한 느낌이 없어서 균형을 잘 이룬 느낌이야. 하지만 특별한 맛은 없어.

봉주르 이시이(이하 봉)　염분이 너무 많아.

리더(이하 리)　깊은 맛이 없다는 느낌이 들기는 해.

미　깔깔하고 가루를 씹는 것 같은 느낌이었어.

Mr.노구치(이하 노)　꽤 기대를 했는데 말이야.

미　그럼 다음으로 고쿠마로 카레는?

SHINGO/3LDK(이하 S)　이름처럼 진하고 부드러운 것 같아.

일동(이하 일)　그걸 느꼈어(웃음)?

리　나는 개인적으로 제일 특징이 없는 카레라는 생각이 들어. 그렇기 때문에 누구나 먹기 좋은 카레라 꽤 높은 점수를 줬지만 말이야.

오　누구나 먹기 좋은 카레란 말이지.

미　니단주쿠 카레는?

S　진한 맛은 없었어.

미　특별함이 없는, 지나치게 깔끔한 맛이야.

리　나는 의외로 특징이 없는 것이 특징이라고 생각했어.

미　향은 좀 있었던 것 같아.

일　그럴지도.

미　그럼 도로케루 카레는?

오　이건 맛이 깔끔하지 못한 것 같아. 진하긴 하지만.

리　먹고 난 뒤에 매운맛이 남아 있는 느낌이야.

미　맞아, 나도 그래. 목이 칼칼해졌어.

노　계속 맴도는 느낌이었어.

오　맛이 조화를 이루지 못한 느낌이라고나 할까.

S　나는 뭔지 모를 진한 맛을 느꼈는데.

봉　어, 나는 왠지 부드럽다고 느꼈어.

미　그럼 골든 카레는?

리　역시 향이 풍부하지.

미　향채소의 향이 정말 풍부했어. 산뜻한 느낌도 들고.

리　뭐랄까, 카레 중에서 가장 부드럽지 않은 느낌이었어.

낯설고 거친 느낌도 들고.

노　자바 카레에 비하면 향은 덜한 것 같아.

미　그럼 자바 카레는?

리　뭔가 견과류가 들어(간 것) 같은데 말이야.

미　그럼 원재료 표시를 한 번 볼까?

리　없어? 견과류가 안 들어갔어? 뭔가 단맛이 났는데.

미　리더, 역시 대단해! 땅콩버터가 들어갔어!

일　우와!

미　그리고 로스트 어니언 파우더라는 것도 아마 진한 맛이나 감칠맛을 내는 것 같아.

일　자바 카레는 맛있어(웃음).

미　카레 ZEPPIN은 어때?

S　향이 조화를 이루는 게 좋지 않아?

오　채소맛이 나. 셀러리맛 같기도 하고.

미　향채소와 양송이를 볶아서 만든 뒥셀(duxelles) 소스를 사용해서 깊은 맛이 날지도 몰라.

봉　포장도 좋은 평가를 받고 있잖아.

미　그럼 다음으로 디너 카레.

S　채소맛이 많이 나는 것 같아. 향채소 같은 것 말이야. 송아지육수도 들어있고.

리　그럼 이제 1위 후보인 더 커리로 가볼까?

S　이거 맛있어!

리　좀 씁쓸한 맛이 나. 달면서 씁쓸한 맛.

노　그래. 매운맛보다는 쓴맛이 나.

리　하지만 이것도 나름대로 괜찮지 않을까. 깊은 맛이 느껴지는 것 같아.

미　레드와인과 발사믹 소스가 들어갔다는 것이 꽤 신맛이 강할 거 같은 느낌인데.

오　정말 좋은 향이 나.

봉　더 커리는 부용 페이스트를 반드시 넣어야 해.

미　물론 넣어야지. ❖

 **A** | <u>카레 ZEPPIN이 가장 맛있어요!</u> 

나만의 비법으로 새롭게 만드는 루 카레

카레의 맛은 넣는 양념에 따라 크게 달라집니다.
나만의 비법으로 특별한 양념을 넣어 새로운 루 카레를 만들어보세요.
너무 많이 넣으면 맛의 균형이 깨지니
남들이 눈치 채지 못할 정도로 조금만 넣는 게 포인트!

마요네즈

관자와 아스파라거스를 넣은
마요네즈 볶음 카레

재료 : 4인분

- 가리비(관자) 12개(300g)
- 양파(잘게 다지기) 큰 것 1개
- 아스파라거스 8개
- 콩소메(과립) $\frac{1}{2}$ Ts
- 마요네즈 3Ts
- 마늘(간 것) 1Ts
- 물 2.5컵
- 카레 루 4인분
- 식용유 2Ts

※ **콩소메** 맑은 고깃국물로 된 수프. 수프나 소스의 베이스로 다양하게 사용된다.
스톡과 과립형태가 있다.

5

6

HOW TO MAKE

1 **밑준비** 가리비는 두께를 반으로 자른다.

2 **밑준비** 아스파라거스는 밑에서 $\frac{1}{3}$ 정도까지 껍질을 벗긴 다음,
3~4cm 길이로 어슷썰기한다.

3 프라이팬에 식용유를 두르고 중간 불로 가열한 다음,
잘게 썬 양파를 넣고 옅은 갈색이 될 때까지 볶는다.

4 마늘을 넣고 향이 나기 시작하면 1의 가리비와 2의 아스파라거스를 넣는다.

5 익기 시작하면 마요네즈를 넣고 2분 정도 볶는다.

6 물과 콩소메를 넣고 중간 불로 5분 정도 끓이는데,
너무 오래 끓이면 아스파라거스의 식감을 제대로 느낄 수 없으므로 주의한다.

7 일단 불을 끄고 보글거림이 끝나면 카레 루를 넣고 녹인다.

8 루가 녹으면 다시 불을 켜고 잘 저으면서 약한 불로 3분 정도 끓인다.

A | 마지막에 마요네즈를 뿌려 먹는 평범한 방법은 이제 그만! 마요네즈로 볶은 카레를 만들어보세요! 

발사믹 식초

담백함 속의 감칠맛
문어와 셀러리 카레

재료 : 4인분

- 생문어(다리, 숭덩숭덩썰기) 500g
- 셀러리(줄기는 마구 썰기, 잎은 잘게 다지기) 1개
- 화이트와인 3Ts
- 양파(빗모양 썰기 후 가로 2등분) 1개
- 마늘(다진 것) 1Ts
- 생강(다진 것) $\frac{1}{2}$ Ts
- 올리브유 2Ts
- 물 3컵
- 카레 루 4인분
- 발사믹 식초 2Ts

2

3

HOW TO MAKE

1 프라이팬에 올리브유를 두르고 중간 불로 가열하여 마늘과 생강을 넣고 볶는다.

2 향이 나기 시작하면 양파와 문어를 넣고 강한 불로 볶는다.
   양파가 투명해지기 시작하면 화이트와인을 넣고 볶으면서 알코올 성분을 날려보낸다.

3 셀러리 줄기, 물, 발사믹 식초를 넣고 중간 불에서 15분 정도 끓인다.
   셀러리의 심이 거슬리는 사람은 심을 빼내고 볶는다.

4 불을 끄고 셀러리 잎을 넣어서 잘 섞은 다음, 카레 루를 넣고 녹인다.

5 루가 녹으면 불을 다시 켜고, 약한 불로 3분 정도 잘 저으면서 끓인다.

오징어와 가지로 만드는
여름 카레

재료 : 4인분

- 카레 루 4인분
- 가지 5개
- 오징어 1마리
- 토마토(굵게 다지기) 1개
- 양파(잘게 다지기) 1개

- 마늘(간 것) 1조각
- 생강(간 것) 1조각
- 코리앤더(잘게 다지기) 3Ts
- 카놀라유 2Ts
- 뜨거운 물 2컵

HOW TO MAKE

1 **밑준비** 오징어는 내장을 분리해서 다리는 반으로 자르고,
몸통은 3cm 깍둑썰기, 머리는 2cm 크기로 세모나게 썬다.

2 가지는 그릴에 올려 노릇노릇하게 굽는데, 10분 정도 구우면 적당하다.
너무 오래 구우면 즙이 흘러나와 맛이 없어지므로 주의한다.

3 적당히 구워지면 식혀서 껍질을 벗기고 볼에 담은 다음,
페이스트 상태가 될 때까지 절구방망이 등으로 으깬다.

4 프라이팬에 카놀라유를 두르고 중간 불보다 조금 센 불로 가열하여 양파를 넣고 볶는다.

5 분량의 뜨거운 물에 카레 루를 넣고 녹인다.

6 양파가 노릇노릇하게 볶아지면 물 1Ts(분량 외), 마늘, 생강을 넣고 잘 섞은 다음,
토마토를 넣고 볶는다.

7 재료가 골고루 섞여서 페이스트 상태가 되면 5를 넣는다.

8 카레 루와 재료가 잘 섞이면 3의 가지 페이스트와 코리앤더를 넣는다.

9 프라이팬 바닥까지 잘 저으면서 중간 불로 3분 정도 끓인 다음,
오징어를 넣고 잘 저으면서 2분 정도 더 끓이면 완성.

1

3

8

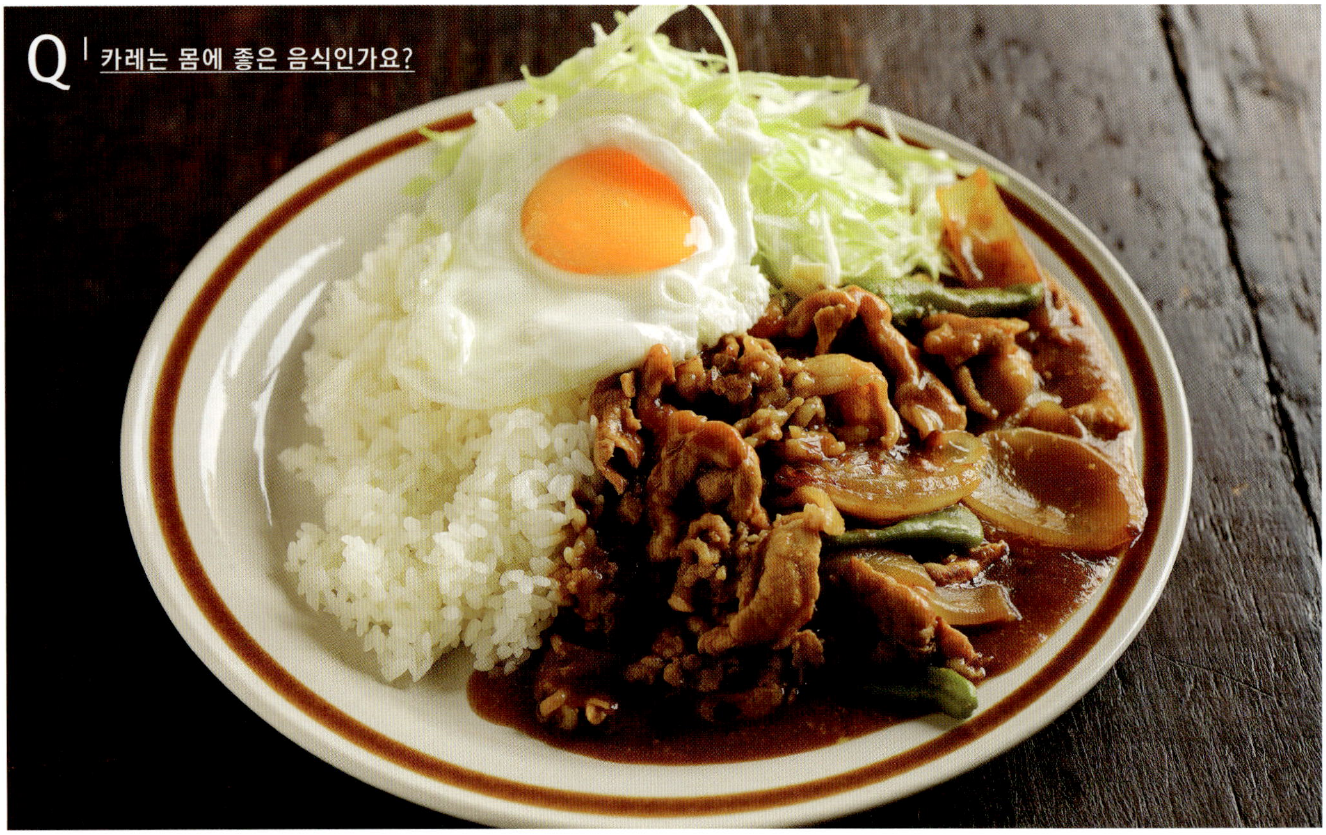

1

몸속까지 따뜻해지는
생강 돼지고기 카레

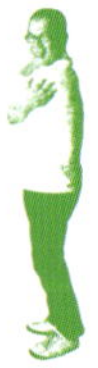

재료 : 4인분

양념장

- 청주 3Ts
- 간장 1Ts
- 꿀 1.5Ts
- 생강(간 것) 2Ts
- 마늘(간 것) 2ts

- 돼지고기 등심(구이용) 300g
- 양파(토막썰기) 큰 것 2개
- 꽈리고추 8개
- 양배추(채썰기) $\frac{1}{4}$ 개
- 물 2.5컵
- 카레 루 2인분
- 식용유 2Ts

HOW TO MAKE

1. **밑준비** 볼에 양념장을 넣고 잘 섞은 다음,
   돼지고기를 넣고 잘 버무려서 3시간 정도 재운다.

2. 프라이팬에 식용유를 두르고 달군 다음,
   돼지고기와 양념장까지 모두 넣고 볶는다.
   돼지고기와 채소는 강한 불에 재빨리 볶는다.

3. 돼지고기가 익으면 양파를 넣고 갈색으로 변할 때까지 볶는다.

4. 꼭지를 딴 꽈리고추를 넣고 일단 불을 끈다.

5. 냄비에 분량의 물을 넣고 끓인 다음, 불을 끄고 카레 루를 넣어서 녹인다.

6. 5의 카레 루를 다시 끓여서 4의 프라이팬에 넣고 잘 섞는다.

7. 접시에 양배추와 밥을 담고 카레를 올린 다음,
   마지막으로 반숙한 달걀프라이를 얹는다.

A | 카레를 자주 먹으면 몸이 후끈후끈! 향신료와 생강은 그야말로 찰떡궁합이에요!  

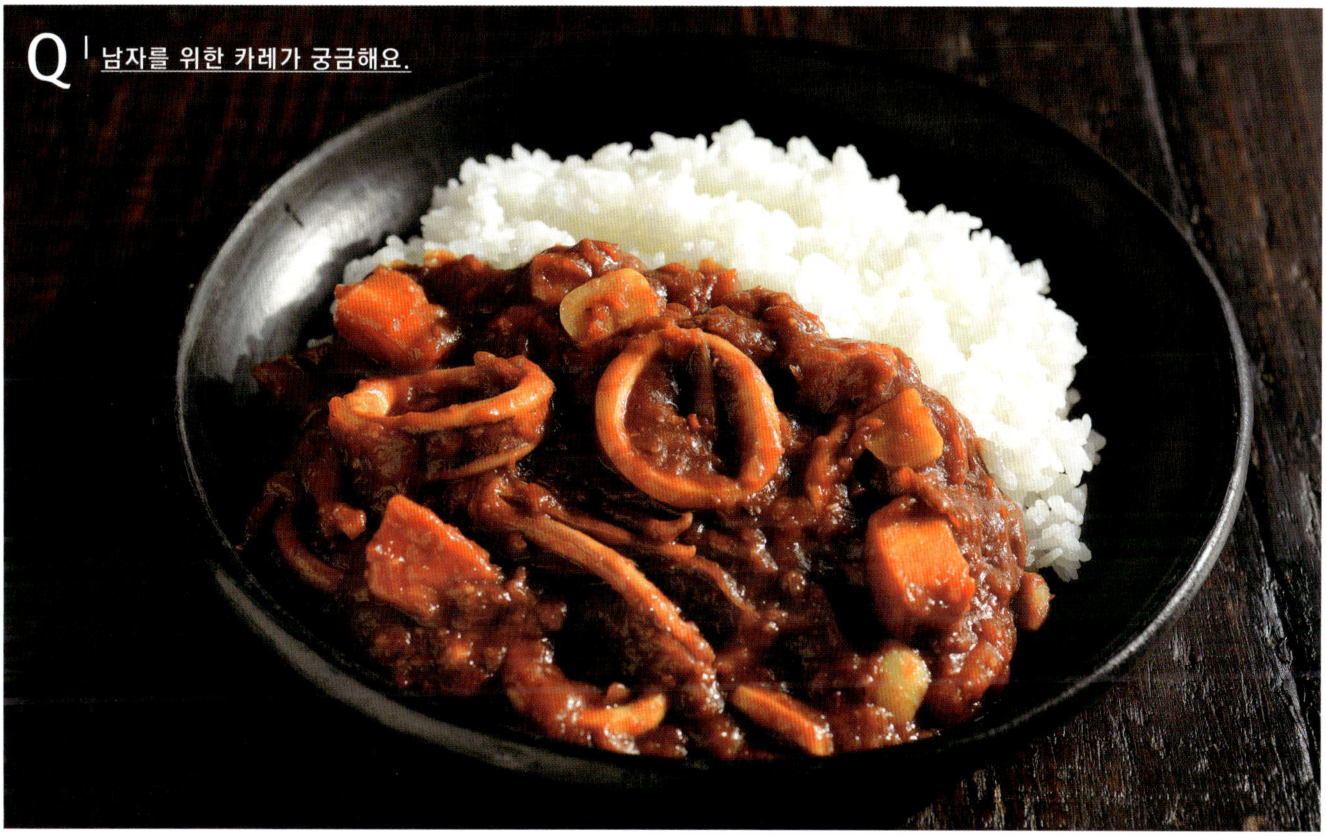

Q | 남자를 위한 카레가 궁금해요.

요즘 나의 남자가 피곤해 보이나요? 그럴 땐 마늘 듬뿍 원기 회복 카레를 만드세요. - WARA

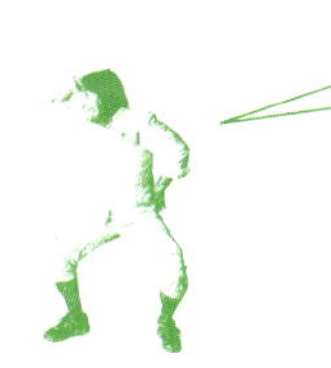

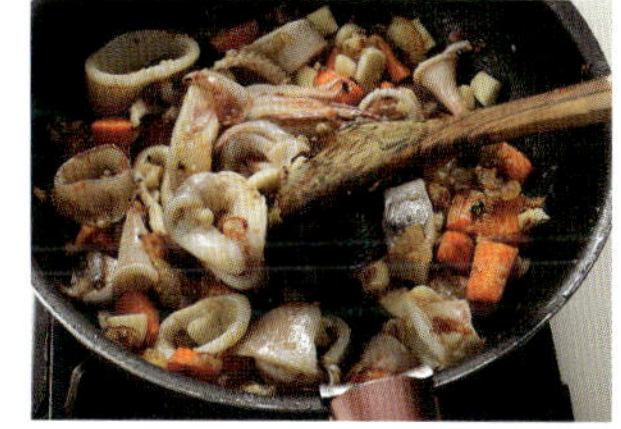

3

사나이를 위한
마늘 오징어 카레

재료 : 2인분

- 오징어 2마리
- 마늘(잘게 다지기) 1개
- 마늘(간 것) 14g
- 생강(간 것) $\frac{1}{2}$조각 분량
- 당근(3cm 깍둑썰기) 1개
- 홀토마토 통조림 1개
- 카레 루 2인분
- 양파(잘게 다지기) 1개
- 식용유 적당량
- 물 $\frac{1}{2}$컵

HOW TO MAKE

1. 프라이팬에 식용유를 두르고 강한 불에 달군 다음, 양파를 넣고 5분 정도 볶는다.
2. 당근을 넣고 강한 불에서 5분 정도 더 볶는다.
3. 오징어는 껍질을 벗긴 후 몸통은 둥글게, 머리와 다리는 큼직하게 썰어서 볶는다. 이때 마늘과 생강도 함께 넣고 오징어가 충분히 익을 때까지 볶는다. 사나이를 위한 카레의 포인트는 마늘을 듬뿍 넣는 것!
4. 3에 홀토마토 통조림과 물을 넣고 끓인다. 강한 불로 끓이다가 끓어오르면 중간 불로 줄여서 5분 정도 더 끓인다.
5. 불을 끄고 카레 루를 넣은 다음 잘 저어서 녹인다.

A | 남자라면 마늘을 듬뿍! 입 냄새 따위는 신경 쓰지 말자구요! 물론 다른 사람에게 피해는 주지 말아야죠.

Q | 어른스러운 맛의 카레를 만들고 싶은데 방법을 알려주세요.

초콜릿

2

초콜릿이 들어간
간 고기 콩 카레

재료 : 4인분

- 쇠고기+돼지고기(간 것) 300g
- 콩(병아리콩, 완두콩, 강낭콩) 200g
- 레디 컷 토마토 통조림 200g
- 양파(잘게 다지기) 1개
- 마늘(간 것) 1Ts
- 생강(간 것) 1Ts
- 카레 루 4인분
- 식용유 2Ts
- 물 3컵
- 소금 조금
- 후추 조금
- 초콜릿 4조각

5

HOW TO MAKE

1 프라이팬에 식용유를 두르고 중간 불에 달군 다음,
  양파를 넣고 갈색으로 변할 때까지 볶는다.

2 간 고기, 마늘, 생강을 넣고 소금과 후추를 살짝 뿌린 다음, 고기가 뭉치지 않게 잘 볶는다.

3 토마토 통조림과 물을 넣고 끓이다가 끓어오르면 토마토가 익을 때까지
  중간 불에서 10분 정도 더 끓인다.

4 불을 끄고 카레 루를 넣어서 잘 녹인다.

5 콩을 넣고 약한 불에서 5분 정도 끓인다.

6 초콜릿을 넣고 저어서 녹인다. 초콜릿은 카레에 단맛과 쌉쌀한 맛을 알맞게 더해주지만,
  어디까지나 맛에 포인트를 주는 역할이므로 너무 많이 넣지 않도록 주의한다.

A | 카레에 은밀한 맛 초콜릿! 여러 가지 초콜릿을 즐겁게 시도해보세요! 

술과 함께 즐기는
치킨간 카레

간장·맛술

재료 : 4인분

- 닭간(한입 썰기) 200g
- 염통(잘게 다지기) 100g
- 금귤 8개
- 파(3㎝ 썰기) 2줄기
- 쪽파(3㎝ 썰기) 2줄기
- 생강(채썰기) 2조각
- 맛술 2Ts
- 간장 2Ts
- 청주 2Ts
- 카레 루 4인분
- 물 3컵
- 식용유 2Ts

1

2

HOW TO MAKE

1 프라이팬에 식용유를 두르고 중간 불로 달군 다음,
  한입 크기로 썬 닭간과 염통, 금귤을 넣고 노릇노릇하게 볶는다.

2 대파, 맛술, 간장, 청주를 넣고 대파가 타지 않도록 주의하면서
  노릇노릇해질 때까지 중간 불로 볶는다.
  대파는 내장의 누린내를 없애주므로 향이 날 때까지 충분히 볶는다.

3 물을 넣고 끓기 시작하면 불을 끄고, 카레 루를 넣어서 잘 녹인다.

4 다시 약한 불에 올리고 잘 저으면서 10분 정도 끓인다.

5 불을 끄고 쪽파와 생강을 올린다.

A | <u>술을 마실 때는 안주를 든든하게 먹어야 합니다. 애주가를 위한 카레, 완성!</u> 

Q | 카레가 가장 맛있어지는 양념은 무엇일까요?

버터·마늘·고추·설탕

마법의 4가지 양념을 넣은
치킨 카레

재료 : 4인분

- 식용유 1Ts
- 버터 30g
- 마늘(으깬 것) 1조각
- 말린 홍고추 4개
- 닭날개(끝을 자르고 소금·후추로 밑간) 8개
- 주키니(1㎝ 썰기) 1개
- 물 3.5컵
- 설탕 1ts
- 카레 루 4인분

HOW TO MAKE

1 프라이팬에 식용유를 두르고 중간 불을 조금 줄여서 달군 다음,
마늘과 고추를 넣고 고추가 검게 변할 때까지 볶아서 향을 낸다.

2 닭날개를 넣고 겉이 골고루 익을 때까지 중간 불로 볶는다.

3 물을 넣고 끓이다가 설탕을 넣고 중간 불을 조금 줄여서 30분 정도 더 끓인다.

4 불을 끄고 카레 루를 넣어서 녹인다.

5 다른 프라이팬에 버터를 두르고 달군 다음, 주키니를 볶아서 4의 냄비에 섞는다.

2

3

A | 버터, 고추, 마늘, 설탕! 

Q | 진하면서도 산뜻한 맛의 카레가 있을까요?

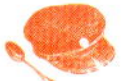

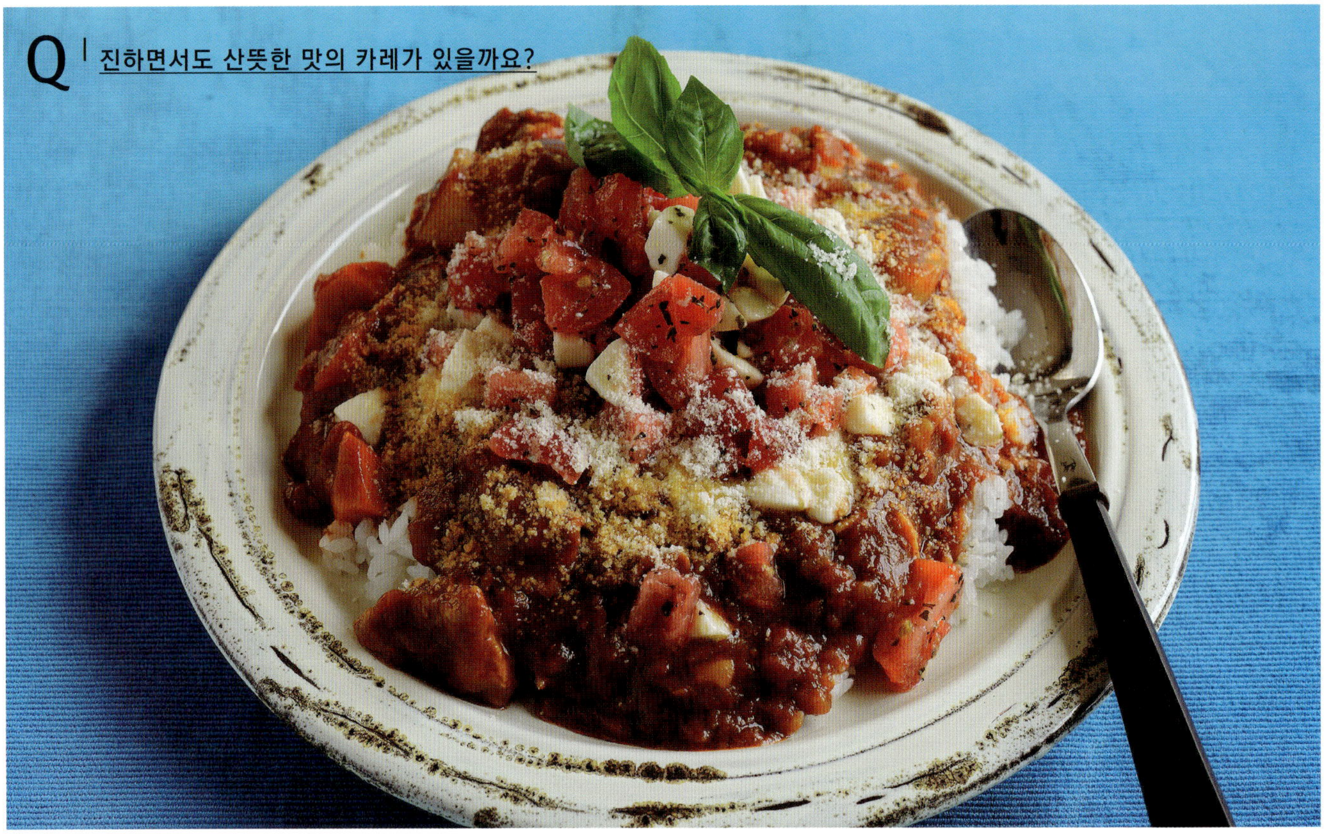

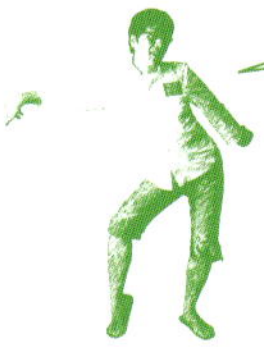

토마토 카레에 치즈를 넣으면 산뜻한 맛에 진한 맛까지 더해져 맛있는 카레가 완성! - **단노샤초**

여름 입맛 살려주는 **토마토 치즈 카레**

재료 : 4인분

- 양파(잘게 다지기) 큰 것 1개
- 당근(3㎝ 마구 썰기) 1개
- 감자(3㎝ 마구 썰기) 큰 것 2개
- 닭고기 300g
- 토마토 통조림 1개
- 올리브유 4Ts
- 홍고추 1개
- 콩소메(고형) 1개
- 파르메산 치즈 적당량
- 생바질 적당량
- 말린 바질 적당량
- 카레 루 4인분
- 토마토·모짜렐라 치즈 (1㎝ 깍둑썰기) 적당량
- 소금 1ts
- 물 2컵

※ **콩소메** 맑은 고깃국물로 된 수프.
수프나 소스의 베이스로 다양하게 사용된다.
스톡과 과립형태가 있다.

HOW TO MAKE

1 프라이팬에 올리브유(1Ts)를 두르고 중간 불로 달군 다음, 잘게 다진 양파와 홍고추를 넣고 양파가 갈색으로 변할 때까지 볶는다.

2 당근, 감자, 닭고기를 넣고 볶는다.
닭고기 표면이 살짝 거뭇거뭇해질 정도로 볶으면 맛과 향이 좋아진다.

3 토마토 통조림과 물을 넣고 끓이다가 거품이 생기면 걷어내고, 콩소메를 넣어 끓인다. 당근과 감자가 익을 때까지 끓이는데, 오래 끓여서 국물이 졸아들면 맛이 더 진해진다.

4 볼에 토마토, 모짜렐라 치즈, 올리브유, 소금, 말린 바질을 넣어서 섞는다.

5 3이 다 끓으면 불을 끄고 카레 루를 넣어서 잘 녹인 다음, 다시 불을 켜고 3분 정도 끓인다.

6 밥과 카레를 담은 그릇에 4를 올린 다음, 파르메산 치즈를 뿌리고 취향에 따라 생바질을 곁들인다.

A | 생토마토를 토핑해서 산뜻한 맛을 내고, 치즈로 진한 맛을 더한 카레! 무더운 여름날 추천합니다!

4

색다른 재료로 만드는 루 카레의 맛의 변신

어떤 재료를 넣더라도
맛있는 카레를 만들 수 있다는 것이 루 카레의 장점!
'이런 걸 카레에 넣어도 괜찮을까?'
망설여지는 재료도 어떻게 요리하느냐에 따라
루 카레의 맛을 한층 잘 살려주는
강력한 아이템이 될 수 있습니다.

1

2

5

아삭아삭 채소가 살아있는
B·L·T 카레

재료 : 4인분

- 베이컨(한입 썰기) 280g
- 양파(얇게 썰기) 1개
- 양상추(한입 썰기) $\frac{1}{4}$ 개
- 토마토(빗모양으로 8등분) 2개
- 물 3컵
- 카레 루 4인분
- 마늘(간 것) $\frac{1}{2}$ Ts
- 식용유 2Ts
- 검은 후추 조금

HOW TO MAKE

1 프라이팬에 식용유를 두르고 중간 불로 달구어서 한입 크기로 썬 베이컨을 넣고 볶는다.

2 베이컨이 노릇노릇하게 익으면 양파와 마늘을 넣고 후추를 뿌린 다음,
   양파가 숨이 죽을 때까지 볶는다.

3 물을 넣고 중간 불로 10분 정도 끓인다.

4 불을 끄고 보글거림이 가라앉으면 카레 루를 넣고 잘 저어서 녹인다.

5 카레 루가 녹으면 다시 불을 켜고 토마토와 양상추를 넣은 다음,
   약한 불에서 1분 정도 잘 저어준다.
   토마토가 너무 클 때는 다시 가로로 반을 잘라서 사용한다.

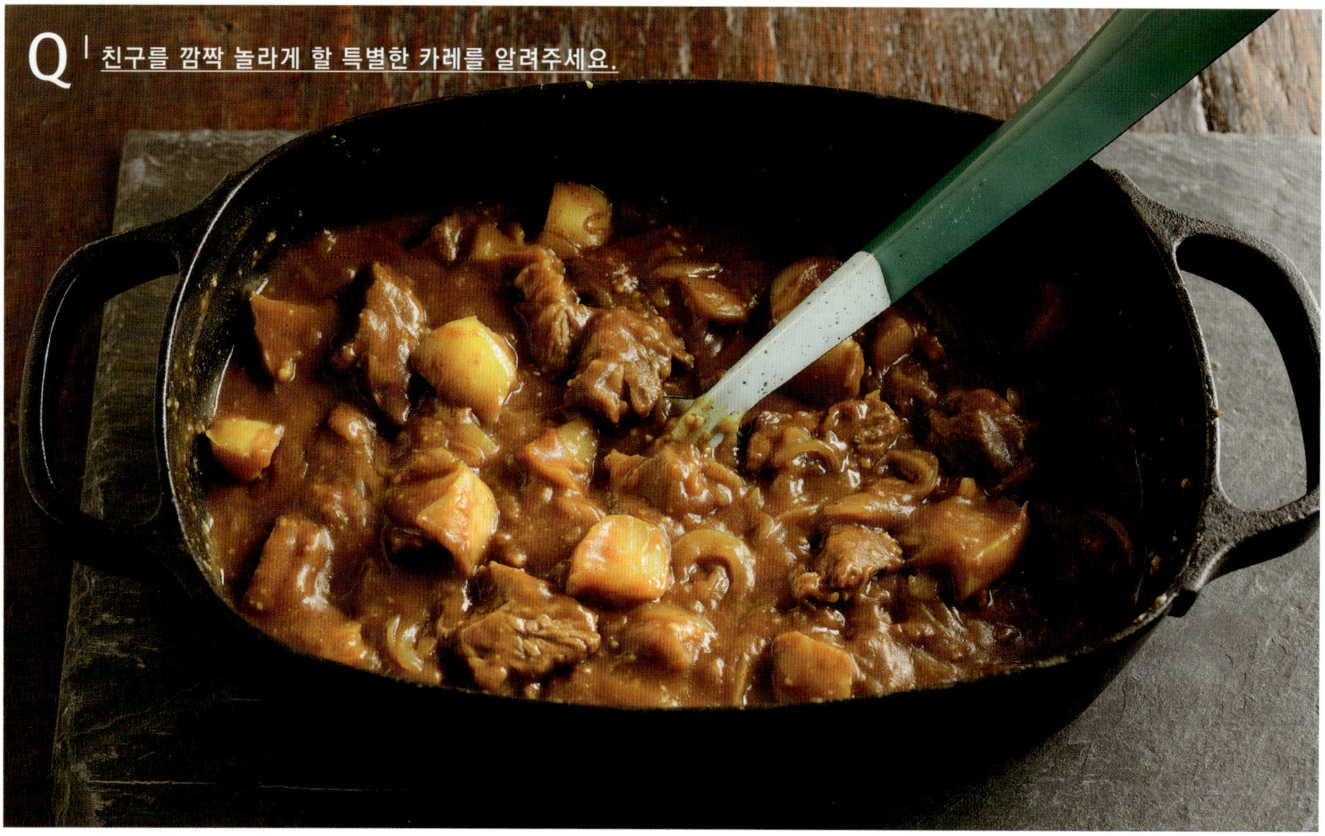

4

사과 듬뿍
쇠고기 카레

재료 : 4인분

- 쇠고기 등심(덩어리) 400g
- 양파(얇게 썰기) 1개
- 사과 1개
- 요구르트 3Ts
- 마늘(간 것) 2Ts
- 물 3.5컵
- 카레 루 4인분
- 버터 20g
- 마멀레이드 1Ts
- 소금·후추 조금
- 식용유 1Ts

HOW TO MAKE

1 **밑준비** 쇠고기는 한입 크기로 썰어서 소금과 후추로 밑간을 한다.

2 **밑준비** 사과는 깨끗하게 씻어서 껍질째 한입 크기로 자른다.

3 냄비에 식용유와 버터를 두르고 약한 불에서 녹인 다음,
  얇게 썬 양파가 숨이 죽을 때까지 볶는다.

4 마늘과 요구르트를 넣고 중간 불로 올려서 볶다가
  마늘 향이 나기 시작하면 쇠고기와 사과를 넣어 함께 볶는다.
  등심 대신 두툼한 스테이크용 고기를 사용해도 된다.

5 쇠고기가 노릇하게 구워지면 물과 마멀레이드를 넣고 중간 불에서 30분 정도 끓인다.

6 불을 끄고 보글거림이 가라앉으면 카레 루를 넣고 잘 저어서 녹인다.

7 루가 녹으면 다시 불을 켜고 저으면서 약한 불로 5분 정도 끓인다.

A | 사과를 껍질째 큼직하게 잘라서 넣어봐요.
  카레에 사과가 이렇게 듬뿍 들어있을 거라고는 상상도 하지 못하겠죠! 

부드러움을 살린
아보카도 치킨 카레

5

재료 : 4인분

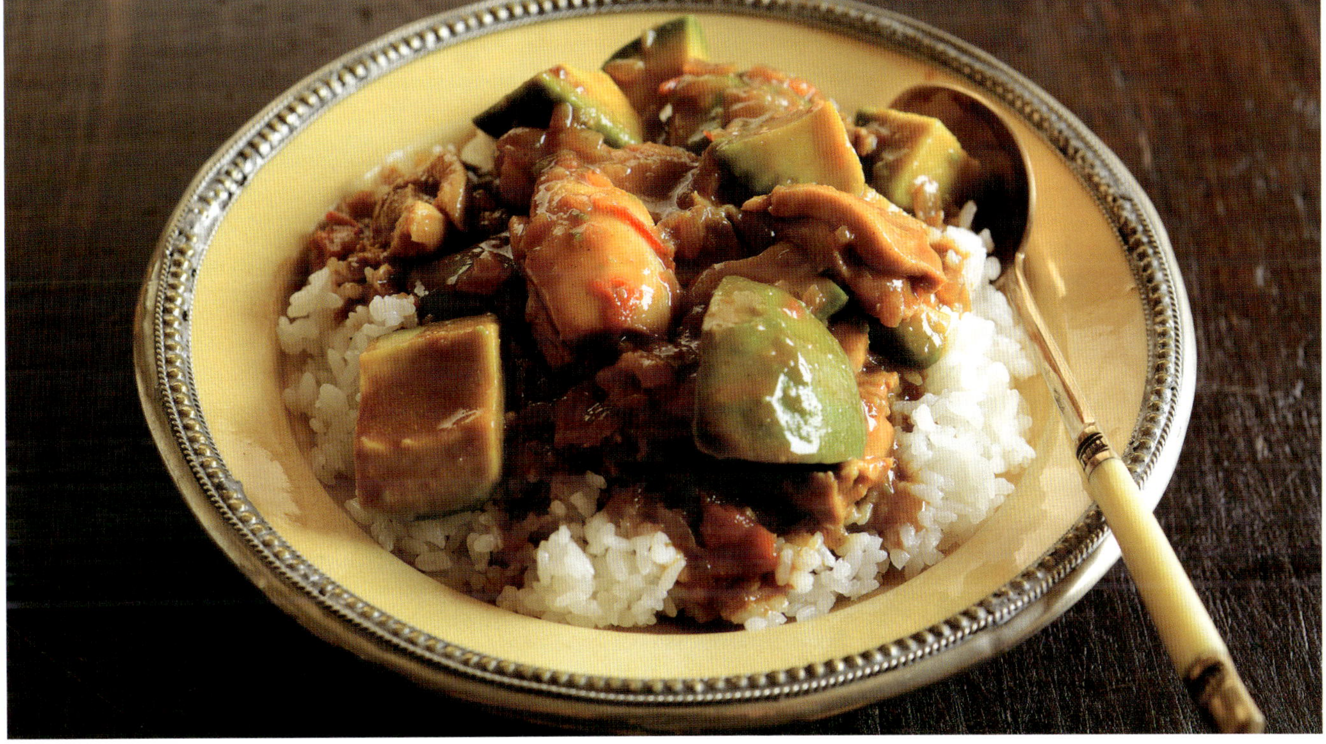

- 카레 루 6인분
- 닭다리살(한입 썰기) 400g
- 아보카도(한입 썰기) 4개
- 요구르트 100g
- 양파(잘게 다지기) 2개
- 버터 3Ts
- 마늘(간 것) 1조각
- 생강(간 것) 1조각
- 토마토(굵게 다지기) 2개
- 뜨거운 물 2컵

HOW TO MAKE

1 **밑준비** 닭고기를 요구르트에 20분 정도 재운다.

2 **밑준비** 뜨거운 물에 카레 루를 녹인다.

3 프라이팬에 버터를 두르고 중간 불보다 조금 센 불로 달구어서 양파를 볶는다.
  양파를 제대로 볶아야 맛있는 카레를 만들 수 있다.

4 양파가 갈색으로 변하면 마늘과 생강을 넣는다.

5 마늘 향이 나기 시작하면 토마토를 넣고 2분 정도 볶는다.

6 토마토가 잘 섞이면 2와 1을 순서대로 넣고 약한 불로 줄인다.

7 잘 저으면서 5분 정도 볶은 다음 아보카도를 넣는다.

8 가끔씩 바닥까지 잘 섞이도록 저어주면서,
  닭고기가 완전히 익을 때까지 15분 정도 끓인다.

A | 카레는 푹 끓여서 만드는 요리이므로 어떤 재료를 사용하든 아이디어만 좋다면 다양한 변화를 즐길 수 있어요. 

Q | <u>중화풍 카레도 만들 수 있나요?</u>

중국식 덮밥 재료를 이용하면 '중국식 카레'를 만들 수 있습니다. 메추리 알이나 당근, 목이 등을 추가해도 좋아요. - **리더**

삼겹살과 배추를 넣은
중국식 카레

재료 : 4인분

- 삼겹살(두껍게 썰기) 300g
- 양파(두껍게 썰기) 1개
- 배춧잎(한입 썰기) 3~4장
- 물 2.5컵
- 중화요리용 조미료 1Ts
- 카레 루 3인분

- 마늘(간 것) 1Ts
- 생강(간 것) 1Ts
- 참기름 2Ts
- 흰깨 1Ts
- 라유(고추기름) 취향에 따라 적당량

※ **중화요리용 조미료** 중국식 볶음요리나 국물요리 등에 넣으면 감칠맛을 더해주는 조미료

HOW TO MAKE

1 프라이팬에 참기름을 두르고 중간 불로 달군 다음,
   삼겹살이 노릇노릇하게 익을 때까지 굽는다.
   삼겹살 기름이 신경 쓰이면 참기름을 두르기 전에 삼겹살을 먼저 굽고,
   키친타월로 기름을 닦아낸 다음 참기름을 두른다.

2 양파, 마늘, 생강을 넣고 양파가 숨이 죽을 때까지 볶는다.

3 배추와 흰깨를 넣고 살짝 볶은 다음,
   물과 중화요리용 조미료를 넣고 중간 불로 10분 정도 더 끓인다.

4 불을 끄고 보글거림이 그치면 카레 루를 넣고 녹인다.

5 루가 녹으면 다시 불을 켜고 약한 불에서 5분 정도 저으면서 끓인다.

6 그릇에 옮겨 담고 취향에 따라 라유를 뿌린다.
   라유의 매콤함이 카레의 매운 맛과 어우러져 한층 더 맛있어진다.

1

3

3

A | <u>당연하죠! 중화요리용 조미료, 참기름, 라유를 넣으면 중식 레스토랑에 나올 법한 카레를 만들 수 있어요.</u>

Q | 캠핑에 어울리는 카레를 만들고 싶어요.

야외에 나가면
닭봉 양배추 카레

재료 : 4인분

- 닭봉 400g
- 양파(1㎝ 썰기) 1개
- 양배추(크게 썰기) $\frac{1}{4}$개
- 카레 루 4인분
- 물 4컵
- 식용유 2Ts
- 소금 조금
- 후추 조금

HOW TO MAKE

1 **밑준비** 가위로 닭봉에 칼집을 낸 다음, 소금과 후추로 밑간을 한다.

2 냄비에 식용유를 두르고 중간 불로 달궈서 양파를 볶는다.

3 양파가 숨이 죽으면 닭봉과 큼직하게 썬 양배추를 넣고 노릇노릇해질 때까지 볶는다.
  양배추를 작게 썰면 끓이는 도중에 흐물흐물해지므로 큼직하게 썰어야 한다.

4 물을 넣고 중간 불로 45분 정도 끓이다가 양배추가 부드러워지면 불을 끈다.

5 카레 루를 넣고 잘 저어서 녹인다.

6 카레 루가 완전히 녹으면 다시 불을 켜고 약한 불로 5분 정도 더 끓인다.

3

3

4

A | 닭봉을 뼈째 넣으면 카레맛이 진해지고 보기에도 먹음직스러워요!
캠핑이나 야외에서 선보이면 분위기가 UP되는 요리랍니다!

4

건강하게 즐기는
카레 루 두부

재료 : 4인분

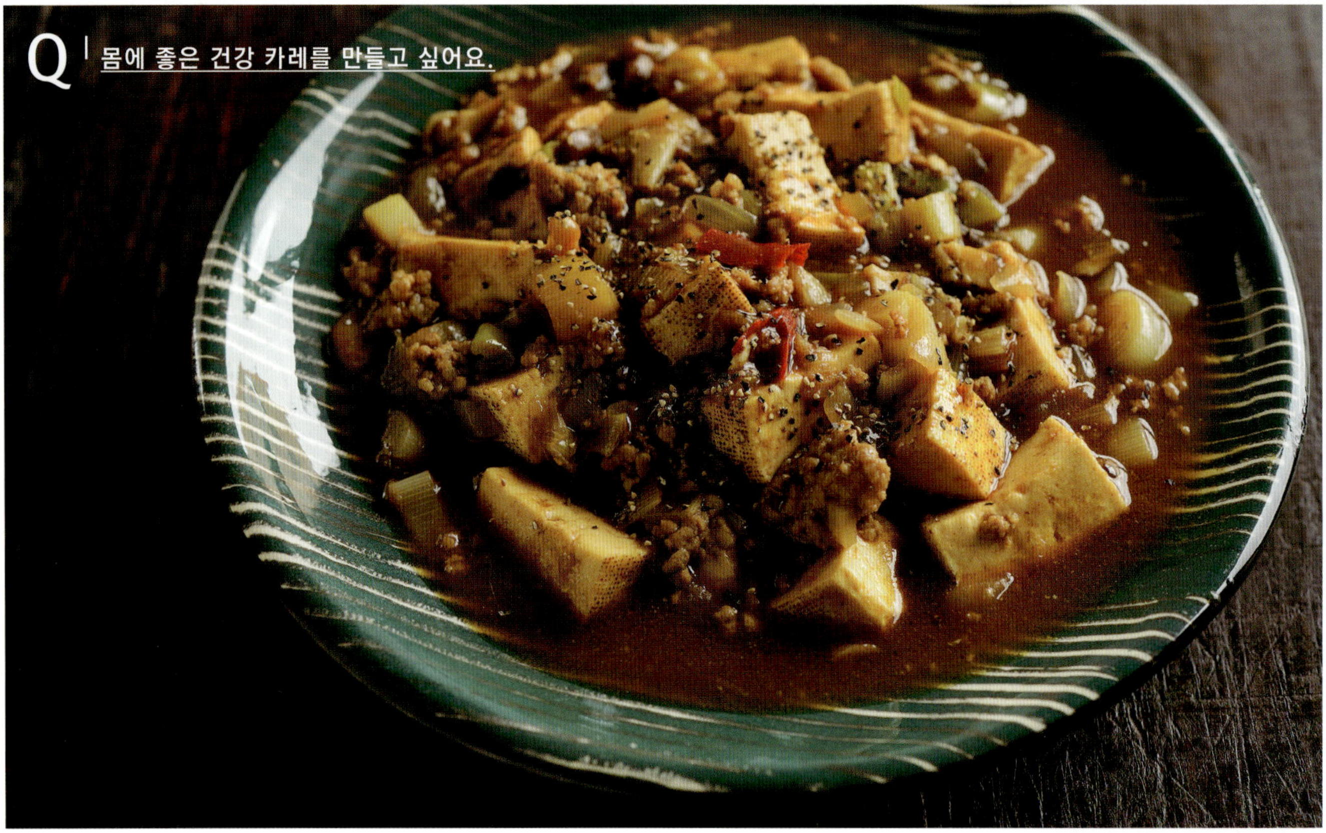

- 돼지고기(간 것) 150g
- 구운 두부(한입 썰기) 2모
- 표고(잘게 다지기) 2개
- 양파(잘게 다지기) 1개
- 대파(1㎝ 썰기) 2줄기
- 홍고추(씨 빼고 둥글게 썰기) 1개
- 식용유 2Ts
- 굴소스 2ts
- 생강·마늘(잘게 다지기) 1조각
- 검은 후추(굵게 간 것) 취향에 따라 적당량
- 물 3컵
- 카레 루 4인분

※ **구운 두부** 물기를 뺀 두부를 직화로 구운 것.

HOW TO MAKE

1 프라이팬에 식용유를 두르고 약한 불로 달군 다음 마늘, 생강, 홍고추를 넣고 볶는다.

2 마늘이 익기 시작하면 양파와 표고를 넣고 강한 불로 볶는다.

3 양파가 익기 시작하면 대파와 돼지고기 간 것을 넣고 강한 불로 볶는다.

4 돼지고기가 익으면 구운 두부를 넣고 감칠맛과 향을 내기 위하여 굴소스를 섞는다.

5 물을 넣고 팔팔 끓인 다음, 불을 끄고 카레 루를 넣어서 녹인다.

6 취향에 따라 검은 후추를 뿌리면 후추의 향과 매콤함이 어우러져
카레의 맛이 한층 좋아진다.

검은 후추는 맛과 향을 잘 조화시킨다.

A | 흔히 먹는 재료로도 몸에 좋은 카레를 만들 수 있어요. 이때 향신료를 사용하면 카레가 한층 맛있어진다는 점! 

3

뱃속이 든든한
돼지고기 튀김 카레

재료 : 4인분

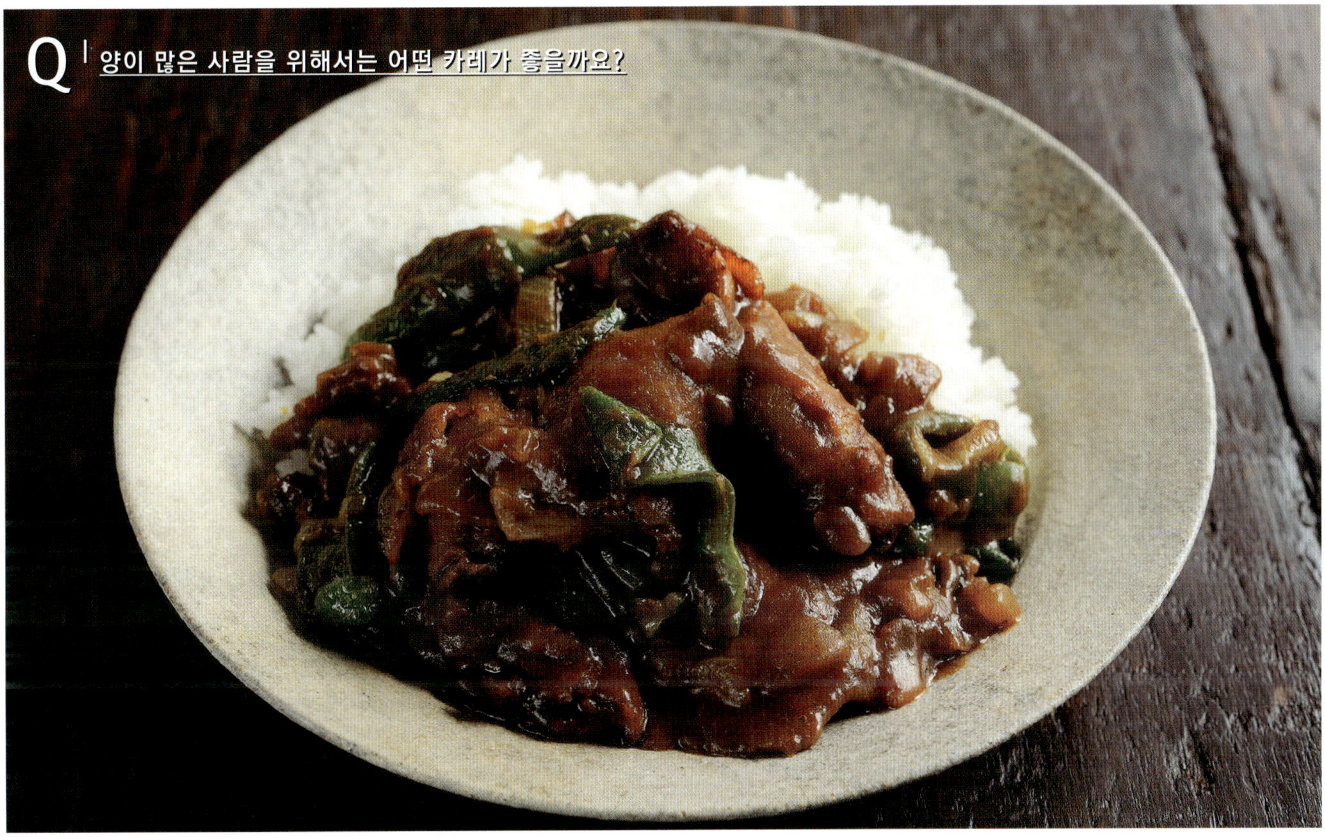

- 돼지고기(한입 썰기) 200g
- 생강(잘게 다지기) 조금
- 차즈기 조금
- 간장 1Ts
- 청주 1Ts
- 맛술 1Ts
- 튀김가루 적당량
- 양파(잘게 다지기) 3개
- 피망 2개
- 뜨거운 물 1컵
- 식용유 적당량
- 카레 루 2인분

HOW TO MAKE

1 **밑준비** 돼지고기에 생강, 차즈기, 간장, 청주, 맛술을 넣고 주물러서
15분 정도 재운다.

2 튀김옷을 입힌 돼지고기를 170~180℃ 기름에 바삭하게 튀긴다.
차즈기는 큼직하게 썰어서 돼지고기와 함께 튀긴다.

3 프라이팬에 식용유를 두르고 강한 불로 달군 다음, 양파를 넣고 5분 정도 볶는다.

4 뜨거운 물을 붓고 끓이다가 끓어 오르면 불을 끄고,
카레 루를 넣어서 녹인다.

5 2의 튀김 기름으로 피망을 5~10초 정도 살짝 볶는다.

6 4의 냄비에 5의 피망과 2의 튀김을 넣고 가볍게 섞는다.

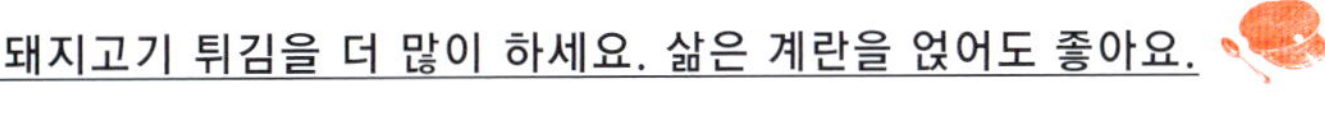

Q | 카레 루를 블렌딩하면 더 맛있을까요?

미즈노(이하 미) 뜬금없지만 결론부터 말하자면 전체적으로 블렌딩하는 편이 맛있어.

일동(이하 일) 맞아.

미 제조사에서는 모두 블렌딩을 부정하고 싶을 걸? 하지 말아달라고 말이야. 블렌딩하는 게 훨씬 맛있는데(웃음). 블렌딩을 하자고! 하면 맛있다니까!

SHINGO/3LDK(이하 S) 새로운 사업이라도 시작할 분위기네(웃음).

오쇼(이하 오) 요즘 나오는 카레는 반씩 나눠서 포장되어 있잖아.

미 그러니까 블렌딩을 하는 거야! 블렌딩하라고 그렇게 나오는 거 아니야?

S 그러면 두 제품의 이름이 붙어서 나오나(웃음)? 그렇게 해서 800엔 정도에 팔면 좋을 텐데.

봉주르 이시이(이하 봉) 비싸(웃음)!

S 각 제품의 좋은 점이 모두 들어 있잖아.

미 하지만 그럴 거면 차라리 그냥 한 개씩 사도 되잖아(웃음).

WARA(이하 W) 그렇지만 모든 제품을 파는 가게가 생겨서 골라서 사면 좋을 것 같지 않아(웃음)?

오 이럴 때는 이 제품과 저 제품을 섞으면 된다는 식으로 말이지(웃음).

봉 여러가지 컵라면을 섞어서 다양한 맛을 즐기는 것처럼 말이야.

S 그런 카레 전문점이 생길지도 몰라.

W 루도 한 덩어리씩 팔면 좋을 텐데.

S 니단주쿠 카레는 한 덩어리씩 개별포장 되어있어.

일 정말이네.

S 시험 삼아 한 덩어리만 넣어보고 싶을 때도 쓸 수 있겠다.

리더(이하 리) 아마 그렇겠지. 정말 제품에도 궁합이 있는 것 같아.

미 그냥 섞기만 한다고 되는 게 아니어서 어렵네. 확실히 루를 섞어서 사용하는 편이 맛있기는 하지만, 단순히 섞기만 하면 맛있어지는 건 아니란 말이지.

봉 맛이 다른 제품을 섞는 편이 더 좋아.

S 맞아. 비슷한 맛의 카레를 섞으면 오히려 충돌한다는 느낌이야.

미 1위와 2위가 점수가 월등히 높네.

리 거의 압도적이지.

미 그럼 '자바 카레×카레 ZEPPIN'과 '더 커리×바몬드 카레'로 결정된 건가?

봉 이 두 조합은 지향하는 방향도 다르네.

오 '더 커리×바몬드 카레'는 맛의 조화를, '자바 카레×카레 ZEPPIN'은 향을 중시하는 느낌이야.

리 '더 커리×바몬드 카레'의 조합은 약간 낮은 연령대에서도 반응이 좋은 것 같아.

미 맞아. 그리고 높은 연령대도 좋아할 수 있어. 누구나 좋아할 수 있지. 반면에 '자바 카레×카레 ZEPPIN'은 카레 마니아라고 할만한 사람한테 반응이 좋을 것 같아.

미 말이 나와서 말인데, 다들 지금까지 루를 블렌딩해서 만든 카레를 먹어본 적 있어?

리 엄마손 카레에 대한 이야기를 할 때도 나오겠지만, 우리 집은 바몬드 카레와 자바 카레를 섞어서 만들었어.

오 그저 그랬을 것 같아(웃음).

봉 매운 카레에 루를 더 넣는 일은 있지 않아?

미 맞아. 그렇긴 하지. 더 걸쭉하게 만들기 위해서 일부러 루를 한 조각 더 넣기도 해.

Mr.노구치(이하 노) 우리 집은 그렇게 먹었어. 마지막에 바몬드 카레를 한 조각 넣었지.

미 먹기 좋은 맛이 되니까.

오 캠핑 가면 섞어서 먹곤 했지.

S 그건 그냥 아무 생각이 없는 거잖아(웃음). 가끔 기적적으로 엄청 맛있는 카레가 만들어질 때도 있지만(웃음).

봉 그래서 무슨 카레를 몇 개 넣었는지 기억도 못하고 말이야.

S 하지만 역시 바몬드 카레는 꼭 넣었어.

봉 캠핑 가는데 더 커리 같은 것은 사지 않잖아.

리 당연히 안 사지. 비싸니까.

미 그럼 마지막으로 카레를 전부 섞어보자. 9가지를 전부 섞는 거야.

리 과연 기적이 일어날까(웃음)?

오 이렇게 섞으면 누구나 좋아할 만한 카레가 되는 건가?

리 제발 그랬으면 좋겠지만.

W 카레 전문점의 카레처럼 되려나(웃음)?

봉 색깔도 조금 다르네.

오 과연 맛이 어느 쪽으로 기울어질까(웃음)?

미 매워질 것 같아.

봉 전체적으로 진한 맛의 카레가 적지 않아? 자바 카레와 ZEPPIN이 많은 것 같아.

오 어느 쪽의 매운맛이 더 강할까?

미 나는 자바 카레 맛이 강할 것 같아.

오 과연 맛이 잘 어우러질까? 좋은 결과가 나올까, 나쁜 결과가 나올까? 향은 어떨까?

봉 향은 서로 상쇄되는 것 같은데.

리 어때?

S 음, 아무 맛도 안 나는 것은 아닌데, 신맛이 없어(웃음). 입 안이 이상해지는 것 같아.

미 맛있다고 할 수도 없고, 뭐라고 해야 하지?

리 아, 이건 아니야. 실패한 것 같아.

S 맛이 평균 이하로 떨어졌어.

오 맛있지도 않고, 맛없지도 않아.

단노샤초(이하 단) 가장 맛없는 부분이 드러난 건지도 몰라.

미 서로의 개성을 죽이는 것 같아.

오 한꺼번에 끓이니 이런 식으로 서로의 맛과 향을 죽이는구나. 재미있네.

미 역시 2가지 정도만 섞는 것이 좋을 것 같아. 3~4가지를 섞으면 맛이 좋지 않아.

W 배합하는 양의 문제도 있고.

리 이번에는 1:1로 섞었으니까. 7:3이나 6:4처럼 비율을 바꾸면 더 나을지도 모르겠네.❖

진한 맛과 향이 상승효과를 일으키면서 새콤한 맛과 적절하게 조화를 이루어 부드럽고 먹기 좋은 맛이 되었다. 얼얼한 매운맛은 그다지 심하지 않은 대신 그만큼 깊은 맛이 난다. 두 제품 모두 따로따로 사용할 때는 향이 그리 강한 편이 아닌데, 두 제품을 블렌딩하자 신기하게도 코끝을 자극하는 풍부한 향이 만들어졌다. 누구나 즐길 수 있는 맛있는 조합이다.

2위

자바 카레 × 카레 ZEPPIN

향, 매운맛, 진한 정도에서 모두 높은 점수를 받았다. 카레 루의 영역을 뛰어넘은 정통 카레의 맛에, 월등하다는 평가가 속출했다.

3위

자바 카레 × 니단주쿠 카레

예상 외로 높은 점수를 받았다. 모든 요소가 균형을 이루는 평균적인 맛으로, 그래서 오히려 편하게 먹을 수 있는 카레가 탄생했다.

4위

바몬드 카레 × 자바 카레

식감도 좋고, 맛도 조화를 이룬다. 어디에나 잘 어울려서 블렌딩하기 좋은 자바 카레의 맛에 감탄했다.

5위

더 커리 × 디너 카레

가격대가 높은 브랜드의 제품을 합친 것에 비해 전체적인 인상은 다소 약했다. 특히 향이 많이 부족한 것이 감점 요인이 되었다.

6위

바몬드 카레 × 카레 ZEPPIN

카레 ZEPPIN을 단독으로 사용했을 때의 맛보다 떨어지는 인상을 주었으며, 단맛만 두드러지는 개운치 않은 맛으로 변했다.

7위

자바 카레 × 골든 카레

풍부한 향이 강점인 두 제품을 블렌딩한 것에 비해 생각만큼 향이 풍부하지 않았으며, 진한 맛이 약해진 인상을 주었다.

8위

바몬드 카레 × 디너 카레

안타깝게도 까끌까끌하고 매끄럽지 못한 식감이 두드러졌다. 디너 카레의 진한 맛과 바몬드 카레의 단맛이 어울리지 않는다.

9위

골든 카레 × 바몬드 카레

특별한 인상을 받지 못했다. 두 제품의 맛이 잘 어우러지지 않고 균형을 이루지 못한다.

10위

도로케루 카레 × 고쿠마로 카레

각 제품의 개별적인 평가도 그리 높지 않지만, 두 제품을 블렌딩한 결과 맛과 깊이가 떨어져 블렌딩하는 의미 자체가 없어졌다.

※ 이 순위는 Tokyo Curry Bancho의 독자적인 의견에 근거한 것입니다.

A | 카레 루는 블렌딩하는 게 더 맛있어요! 

Q | 카레에는 어떤 종류의 쌀이 어울릴까요?

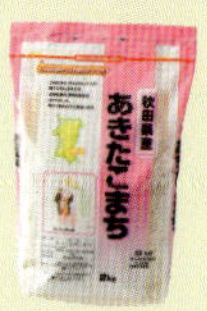

1위
아키타코마치
78점

미　거의 다 만점을 주었네!
봉　쌀이 달달하니 맛있지 않아?
S　식감도 좋아.
오　입 안에서 너무 끈적거리지 않아서 좋아.
리　잘 어우러지는 느낌이야. 뒷맛도 깔끔해서 좋고.
미　카레 루와 잘 어울려.

2위
고시히카리
62점

리　쌀만 놓고 보면 이게 제일 맛있지.
미　너무 부드러워서 카레와 부딪치는 느낌이 들어.
오　단맛도 강하니까 말이야.
S　그러니까 절임이나 낫토처럼 밥과 반찬을 따로 먹을 때 좋아.
　　카레와는 생각만큼 잘 어울리지 않았어.

3위
인디카 쌀
(안남미)
56점

미　루로는 절대 만들 수 없는 풍미를 더해주지.
리　먹을 때 코끝을 자극하는 냄새가 좋아.
　　서로 잘 어우러지고.
S　향은 좋지만, 식감은 어울리지 않는 것 같아.
미　자포니카 쌀 같은 식감에 이런 향이 나는 쌀이면 좋겠어

4위
현미
50점

S　나쁘지 않지만 말이야.
리　일부러 현미를 택하지는 않을 것 같아.
오　키마 카레에는 잘 어울릴지도.
리　아, 그럴 수도 있겠다.
S　드라이 카레에도 괜찮을 것 같아.
미　하지만 백미와 현미 중 어느 쪽이 좋냐고 물으면 백미를 택할 거야.

5위
찹쌀
42점

W　이건 좀 별로야.
S　맛은 그냥 보통이지만 말이야.
오　하지만 식감이 난처럼 약간 쫄깃하니까 빵에 어울리는 카레에는
　　괜찮을지도 몰라.
미　그럼, 스파이스 카레에 잘 어울릴지도 모르겠네.

※이 점수는 Tokyo Curry Bancho의 독자적인 의견에 근거한 것입니다(80점 만점).

오　아키타코마치가 맛있었어. 아키타 농업시험소에서 개발한 쌀이지?
S　아키타코마치와 고시히카리는 비슷한 것 같으면서도 분명히 달라.
미　카레에는 된밥이 어울린다고들 하는데, 어떻게 생각해?
오　된밥이라기보다는 평소대로 지으면 되는 것 같은데.
미　나도 평소랑 똑같아.
S　묽은 카레라면 쌀이 수분을 빨아들일지도 모르지만.
리　그럴 리 없을 걸.
오　그럴 리가 없잖아(웃음). 그렇게 금방 빨아들이지 않는다고.

미　그냥 평소대로 밥이 맛있게 지어지길 바라면 되는 거 아니야?
　　그게 가장 맛있어. 카레를 지을 때만 된밥을 짓는 것은 이상하잖아.
S　그러니까 굳이 신경 쓸 필요는 없다는 거지?
미　가장 맛있게 지은 밥이 카레에도 가장 잘 어울린다는 거지.
오　카레에 따라 가장 잘 어울리는 밥을 선택할 수는 있겠지.
　　인디카 쌀로 밥을 하는 식으로 말이야.
오　결국 일본의 평범한 루 카레에는 일본쌀이 가장 잘 어울린다는 거네. ❖

A | 루 카레에는 아키타코마치 쌀로 지은 밥이 가장 잘 어울립니다. 

5

깜짝 놀랄 만한 루 카레의 숨은 비법 공개

재료를 푹 끓인 뒤 카레 루를 녹여서 섞는 것이
루 카레 만들기의 전부가 아닙니다.
여러 요리에 사용되는 다양한 비법들을
루 카레에 응용할 수 있습니다.
아주 간단한 요령부터 기상천외한 요리방법까지,
루 카레의 세계를 파헤쳐보세요.

깊고 진한 맛의
드라이 루 카레

재료 : 4인분

- 양파(잘게 다지기) 1개
- 당근(잘게 다지기) 1개
- 생강 1조각
- 마늘 2조각
- 셀러리 5㎝
- 가지(둥글게 썰기) 1개
- 주키니(둥글게 썰기) 1개

- 쇠고기(간 것) 300g
- 차즈기(잘게 다지기) 3장
- 토마토(잘게 다지기) $\frac{1}{2}$ 개
- 카레 루 4인분
- 물 1컵
- 검은 후추 1ts
- 소금 조금

HOW TO MAKE

1 프라이팬에 식용유를 두르고 강한 불로 달구어서 양파를 넣고 볶는다.
중간에 마늘, 생강, 셀러리, 물 200㎖를 믹서에 갈아서 넣고,
갈색으로 변할 때까지 잘 볶는다. 믹서가 없으면 강판에 갈아도 되지만,
믹서로 갈아서 액체 상태로 만드는 편이 골고루 잘 섞인다.

2 카레 루를 녹기 쉽게 잘게 쪼개서 넣고, 물을 조금씩 부으면서 걸쭉해질 때까지 끓인다.

3 간 쇠고기를 넣고 볶다가 당근도 넣고 물기가 없어질 때까지 볶는다.

4 3이 부슬부슬한 상태가 되면 소금과 후추로 간을 맞춘다.

5 그릇에 담고 토마토와 차즈기를 올린다.

1

2

3

Q | 하얀 카레도 만들 수 있나요?

1

3

4

노란 카레의 변신
화이트 루 카레

재료 : 4인분

- 감자(크게 한입 썰기) 중간 것 3개
- 당근(크게 한입 썰기) 큰 것 1개
- 양파(크게 한입 썰기) 중간 것 2개
- 얇게 썬 돼지고기 등심(5㎝ 썰기) 300g
- 우유 3컵
- 물 1컵
- 식용유 3Ts
- 가쓰오부시 취향에 따라 적당량
- 카레 루 4인분

HOW TO MAKE

1 프라이팬에 식용유를 두르고 중간 불로 달구어서 감자, 당근, 양파를 함께 넣고 볶는다.

  채소는 카레를 만들 때 가장 많이 사용하는 3가지 채소가 좋다.

  '늘 먹던 카레인데 색이 달라!' 이런 놀라움을 경험할 수 있다.

2 양파가 투명하게 익으면 5㎝ 길이로 썬 돼지고기를 넣고 볶는다.

3 돼지고기가 완전히 익으면 물을 넣은 다음,

  당근이 물러질 때까지 중간 불로 15분 정도 끓인다.

4 우유를 넣고 중간 불로 한소끔 끓인다.

5 끓어오르면 불을 끄고 잘게 쪼갠 카레 루를 넣어서 잘 섞는다.

6 접시에 옮겨 담고 취향에 따라 가쓰오부시를 뿌린다.

A | 하얀 카레도 있어요. 우유를 넣은 덕분에 맛이 한층 부드러워져서 아이들이 먹기에도 좋아요.

갈아서 만드는
베이컨 채소 카레

재료 : 4인분

- 파슬리(잘게 다지기) 180g
- 덩어리 베이컨(한입 썰기) 300g
- 검은 후추 1ts
- 카레 루 4인분
- 식용유 4Ts
- 물 1컵

A

- 양파(한입 썰기) 2개
- 사과(한입 썰기) 1개
- 당근(한입 썰기) 1개
- 마늘(한입 썰기) 1조각
- 생강(한입 썰기) 1조각
- 양송이(한입 썰기) 3개
- 셀러리 줄기(한입 썰기) 1줄기

1

3

5

HOW TO MAKE

1 재료 A와 물 1컵(분량 외)을 믹서에 넣고 갈아서 걸쭉하게 만든다.

2 냄비에 식용유를 두르고 중간 불로 달구어 1을 넣고 뚜껑을 덮는다.

   가끔씩 뚜껑을 열고 저으면서 중간 불로 45분 정도 끓인다.

   뚜껑을 열 때 내용물이 밖으로 튀어서 화상을 입을 수 있으므로 주의한다.

3 프라이팬에 식용유를 두르고 베이컨을 올린다.

   베이컨에 검은 후추를 뿌리고, 중간 불로 볶아서 건져놓는다.

   베이컨은 보기만 해도 먹고 싶은 마음이 들도록 노릇노릇 먹음직스럽게 굽는다.

   이때 프라이팬에 남은 기름은 닦지 말고 그대로 둔다.

4 3의 프라이팬에 파슬리를 넣고 약한 불 ~ 중간 불에서 살짝 탈 정도로 볶는다.

5 2의 냄비 속 재료가 갈색으로 변하기 시작하면 물을 더 넣고

   3의 베이컨과 4의 파슬리도 넣는다.

   한소끔 끓여서 불을 끈 다음, 카레 루를 넣고 잘 섞는다.

Q | <u>새우가 들어간 맛있는 카레를 알려주세요.</u>

새우의 맛을 살린
시금치 새우 카레

재료 : 4인분

- 새우살 400g
- 시금치 1.5단
- 양파(빗모양썰기) 1개
- 마늘(간 것) 1ts
- 생강(간 것) 1ts
- 카레 루 4인분

- 버터 50g
- 코코넛 밀크 1컵
- 식용유 2Ts
- 물 4컵
- 소금 조금
- 후추 조금

HOW TO MAKE

1 **밑준비** 시금치는 물(분량 외)에 소금을 넣고 데쳐서 식힌 다음,
   반은 큼직하게 썰고 나머지는 믹서에 갈아서 페이스트 상태로 만든다.

2 프라이팬에 식용유를 두르고 중간 불로 달군 다음, 양파를 넣고 투명하게 익을 때까지 볶는다.

3 버터를 두르고 새우살, 마늘, 생강을 넣어서, 새우가 충분히 익을 때까지 2분 정도 볶는다.
   새우는 큰 것을 사용해야 맛도 좋고 보기에도 먹음직스럽다. 머리째 넣어도 좋다.

4 물을 넣고 팔팔 끓인 다음, 불을 끄고 시금치 페이스트와 카레 루를 넣어서 잘 섞는다.

5 잘 저으면서 약한 불로 10분 정도 끓인다.

6 코코넛 밀크와 큼직하게 썬 시금치를 넣고 약한 불에 5분 정도 더 끓인다.

4

4

6

A | <u>새우에는 버터가 잘 어울려요. 시금치를 페이스트로 만들어서 새우의 식감을 최대한 살리는 것이 비결!</u>

3

4

6

10분 만에 뚝딱
해물 볶음 카레

재료 : 4인분

- 올리브유 2Ts
- 마늘(잘게 다지기) 작은 것 $\frac{1}{2}$ 조각
- 연어살(4등분) 1토막
- 새우(껍질 벗기고 내장 제거) 작은 것 8개
- 가리비(관자·얇게 썰기) 6개
- 토마토(마구 썰기) 1개
- 아보카도(마구 썰기) $\frac{1}{2}$ 개
- 씨겨자 1ts
- 화이트와인 50㎖
- 카레 루 4인분
- 뜨거운 물 1.5컵
- 바질(적당한 크기) 8장

HOW TO MAKE

1 **밑준비** 뜨거운 물에 카레 루를 녹인다.
2 프라이팬에 올리브유를 두르고 중간 불로 달구어서
   마늘을 넣고 색이 변할 때까지 볶는다.
3 새우, 가리비, 연어를 넣고 볶는다.
4 토마토와 아보카도를 넣고 볶는다.
5 씨겨자를 넣고 골고루 섞는다.
6 화이트와인을 넣고 팔팔 끓인다.
7 1의 카레 소스를 넣어서 팔팔 끓인 다음, 바질을 넣고 섞는다.

2

토마토와 올리브를 넣은
생선 카레

재료 : 4인분

- 가다랑어　400g
- 검은 올리브(2㎜ 썰기)　5개
- 양송이(2㎜ 썰기)　4개
- 양파(5㎜ 썰기)　1개
- 이탈리안 파슬리　적당량
- 홀토마토 통조림　1개
- 요구르트　200g
- 마늘·생강(간 것)　1Ts
- 카레 루(우미노사치 카레)　4인분
- 올리브유　3Ts
- 물　3컵
- 소금·검은 후추　조금

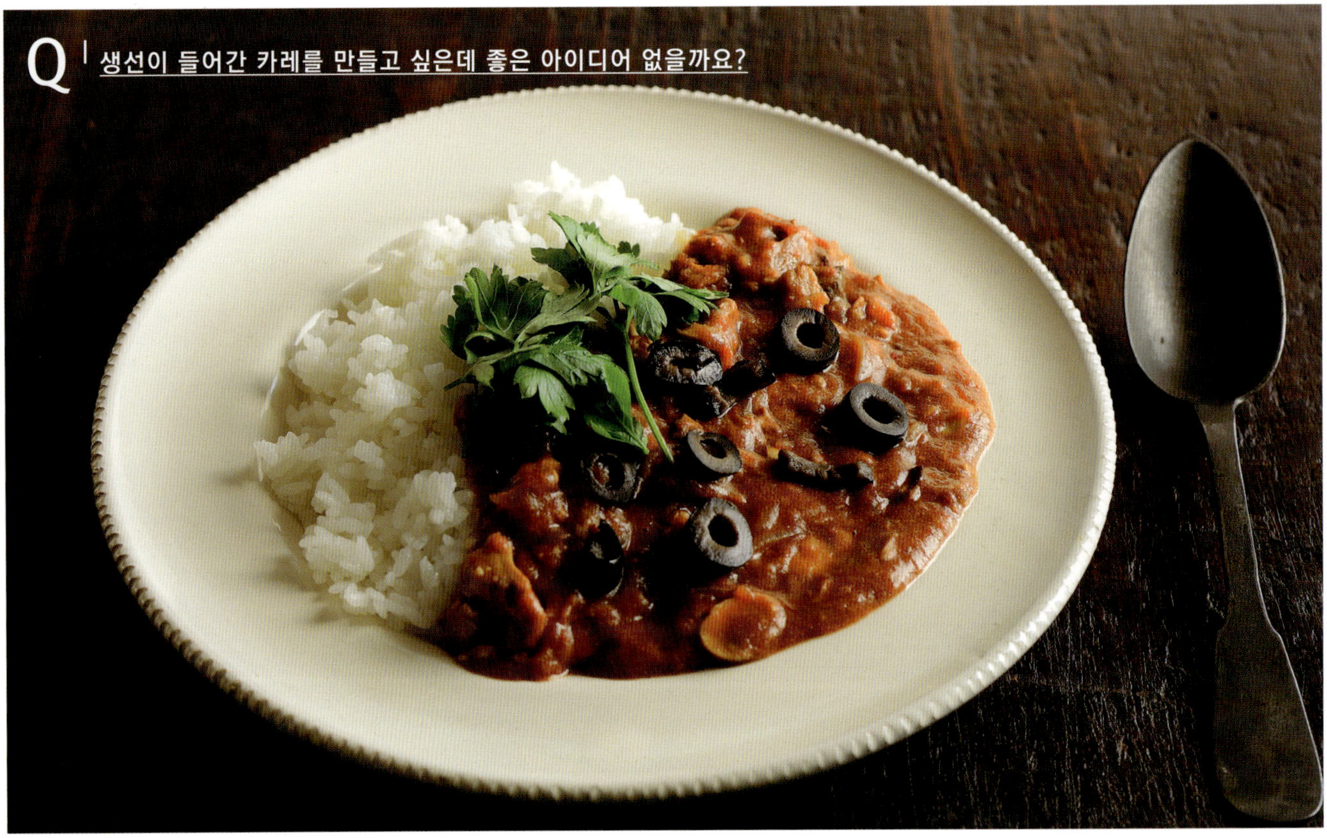

HOW TO MAKE

1　냄비에 올리브유를 두르고 중간 불로 달군 다음,
　 얇게 썬 양파를 넣고 투명해질 때까지 볶는다.

2　소금과 후추로 밑간을 한 가다랑어를 구우면서 작게 조각내고,
　 얇게 썬 양송이를 넣고 볶는다. 가다랑어를 덩어리째 구우면
　 속까지 잘 익지 않기 때문에 적당한 크기로 잘라서 굽는 것이 좋다.

3　물, 요구르트, 마늘, 생강, 홀토마토 통조림을 넣고
　 토마토를 으깨면서 15분 정도 끓인다.

4　불을 끄고 카레 루를 넣어서 잘 섞은 다음, 다시 불을 켜고 약한 불에 5분 정도 끓인다.

5　올리브와 이탈리안 파슬리를 얹는다.

※ **우미노사치 카레** 해물의 맛을 살려주는 혼합 향신료가 별도로 첨부되어 있는 해물 카레용 루.

A｜요구르트로 생선 비린내를 줄이고, 토마토의 새콤한 맛을 살려보세요!

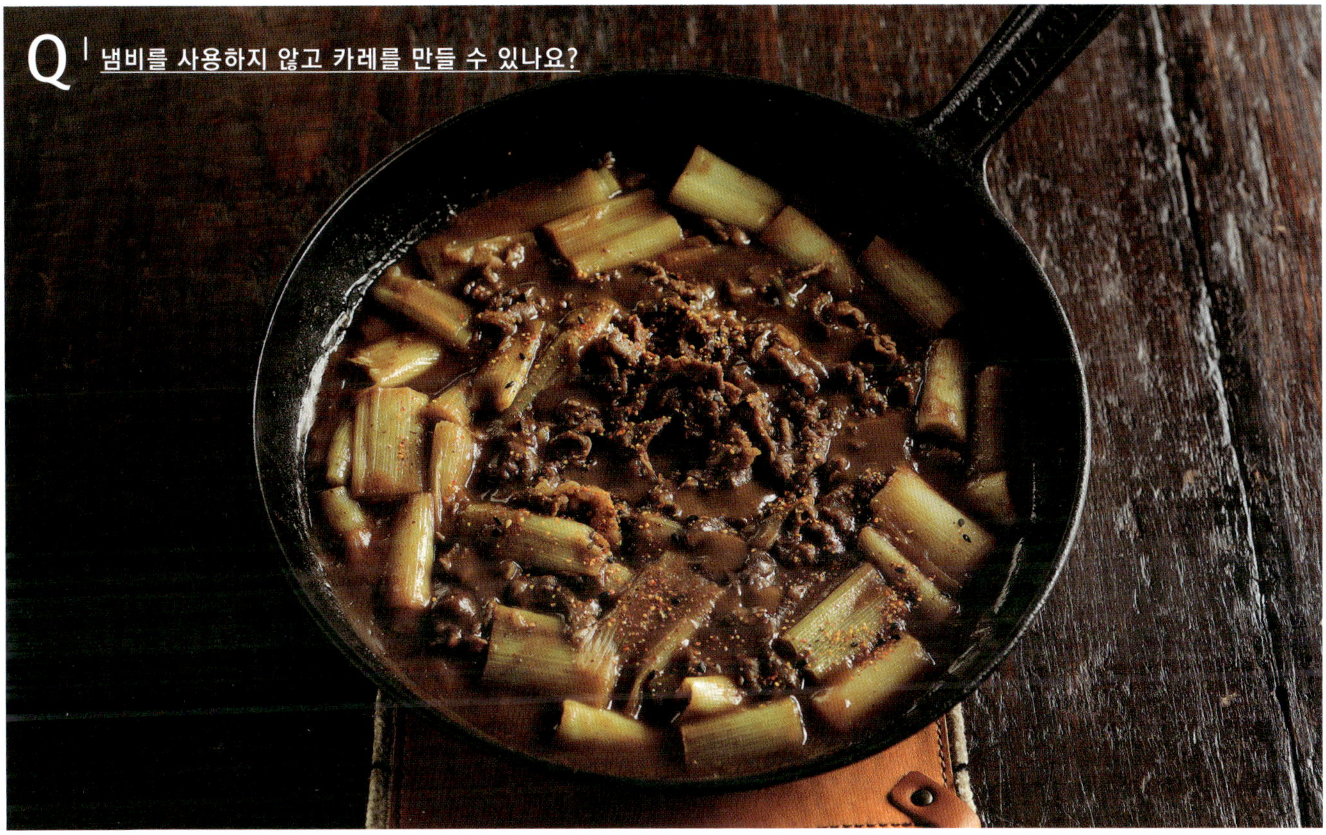

1

파 송송 듬뿍
쇠고기 카레

재료 : 4인분

- 대파(3㎝ 썰기) 4~5뿌리
- 쇠고기 300g
- 설탕 1Ts
- 간장 2Ts
- 카레 루 2인분
- 시치미 적당량
- 물 1컵

HOW TO MAKE

1 프라이팬 중앙에 쇠고기를 올려 놓고, 주위에 파를 촘촘하게 세운다.

   파를 세워서 넣으면 굴뚝 효과 때문에 열기가 빠르고 균일하게 전달된다.

2 고기 주위에 설탕과 간장을 두른다.

3 프라이팬 뚜껑을 덮고 7분 정도 찌듯이 굽는다.

   가능하면 파를 건드리지 않는다.

4 파가 익으면 물을 넣고 고기를 젓가락으로 풀어준 다음 5분 정도 더 끓인다.

5 불을 끄고 카레 루를 넣어서 녹인 다음,

   다시 불을 켜서 팔팔 끓이고 시치미를 뿌린다.

A | 프라이팬만 있어도 카레는 만들 수 있어요. 빨리 카레를 먹고 싶을 때, 특히 추운 겨울철에 추천할 만한 메뉴! 

2종류의 루

2종류의 루로 만든
채소 요구르트 카레

재료 : 4인분

- 식용유 1Ts
- 빨강 파프리카(마구 썰기) 큰 것 1개
- 노랑 파프리카(마구 썰기) 큰 것 1개
- 양파(빗모양 썰기) 큰 것 1개
- 감자(얇게 썰기) 1개
- 요구르트 100g
- 물 2컵
- 카레 루 2인분
- 화이트스튜 루 2인분
- 생크림 30㎖

※ **화이트스튜 루** 고기, 야채 등에 화이트 소스를 넣고 만드는 화이트스튜용 루.

HOW TO MAKE

1 프라이팬에 식용유를 두르고 중간 불로 달군 다음 빨강 파프리카, 노랑 파프리카를 넣고 겉이 노릇노릇해질 때까지 볶는다.

2 양파를 넣고 숨이 죽을 때까지 볶는데, 색이 변할 때까지 볶지 않아도 된다.

3 요구르트 50g을 넣고 섞는다.

4 물을 넣고 팔팔 끓인 다음 10분 정도 더 끓인다.

5 남은 요구르트를 넣고 적당히 걸쭉해질 때까지 끓인다.

6 불을 끄고 2종류의 루를 넣어 골고루 섞는다.

7 다시 불을 켜고 생크림을 넣은 다음, 적당히 걸쭉해질 때까지 끓인다.

A | 카레 루와 화이트스튜 루를 섞어서 넣으면 지금까지 먹어보지 못한 새로운 맛을 느낄 수 있어요! 

1

닭고기와 계란의 만남
덮밥 카레

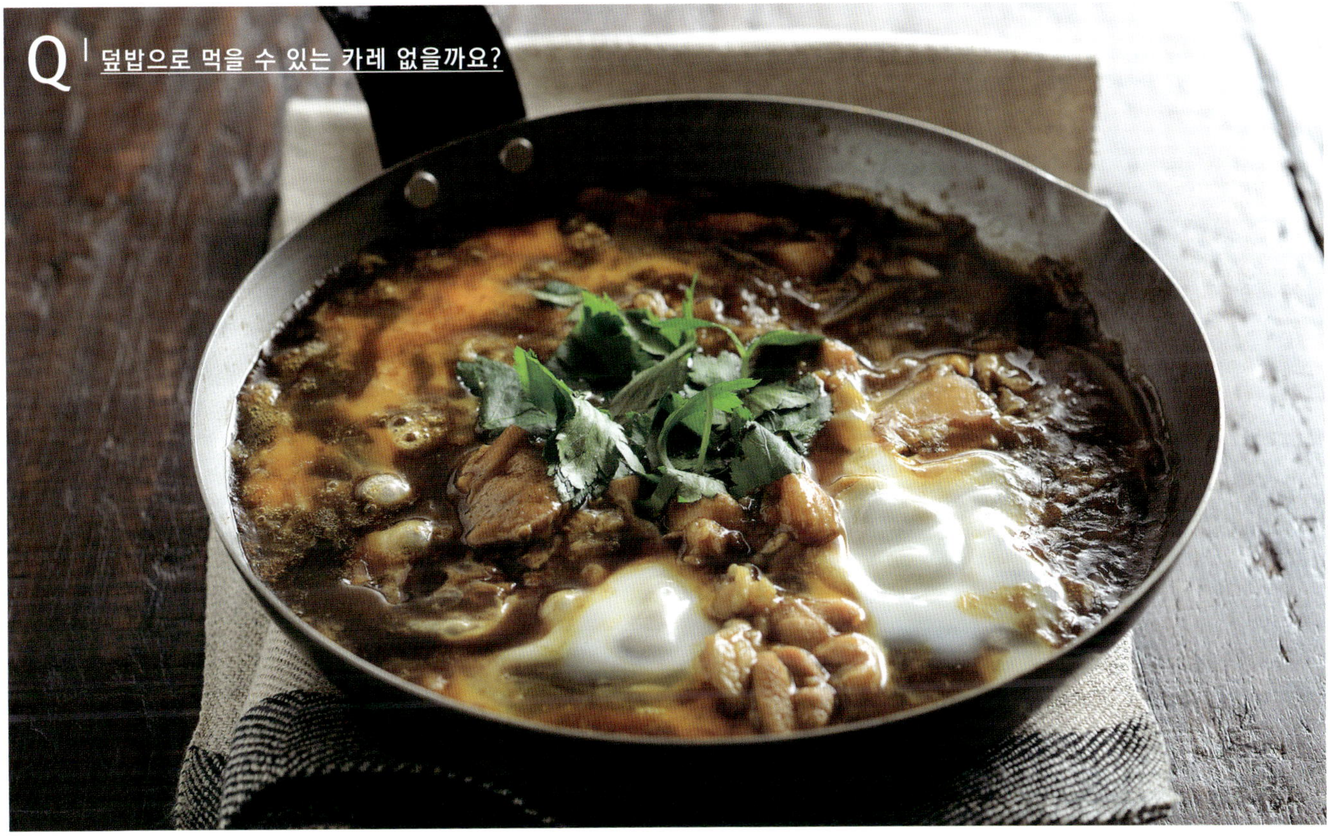

재료 : 4인분

- 카레 루 3인분
- 닭다리살(한입 썰기) 200g
- 양파(얇게 썰기) 1개
- 달걀 6개
- 파드득나물(토막 썰기) 2~3줄기

맛국물 재료

- 가쓰오부시 국물 300㎖
- 설탕 1Ts
- 맛술 1Ts
- 간장 2Ts

HOW TO MAKE

1 프라이팬에 맛국물 재료를 넣고 불에 올린 다음,

   끓기 시작하면 양파와 닭고기를 넣고 중간 불로 7~8분 정도 끓인다.

   불을 끄고 카레 루를 넣어서 잘 섞는다.

2 볼에 달걀을 풀어서 1의 프라이팬에 조금씩 두르면서 붓는다.

3 그릇에 밥과 카레를 담은 다음 파드득나물을 얹는다.

A | 닭고기 덮밥을 카레에 응용해보세요. '닭고기덮밥 + 카레 루'가 만드는 새로운 맛!

Tokyo Curry Bancho 멤버들이 어린 시절 먹었던 '엄마손 카레'를 가져와 서로 그 맛을 비교해 보기로 했다.
각자의 어머니께 연락드려 어린 시절 먹었던 카레를 만들어서
도쿄로 보내달라고 부탁했더니 자라온 환경이 다르듯이 카레의 맛도 각양각색이었다.

미즈노 집안의 카레

리 고급스러워 보인다.

봉 위풍당당한 느낌이네.

미 봐봐. 진짜 소스 색깔부터 달라. 책 표지로 써도 괜찮을 것 같지 않아(웃음)?

일 잘 먹겠습니다!

리 향이 강한데? 매콤하고! 고기가 부드러워서 맛있어!

오 고기가 큼직하고 맛있네.

미 우리 집은 내가 어렸을 때부터 줄곧 자바 카레 매운맛만 먹었어. 우리 아버지께서 달콤한 카레라면 질색을 하셔서 항상 가장 매운 루를 썼지. 카레를 만들면 환풍기를 통해서 냄새가 빠져나가잖아. 냄새를 맡은 이웃들이 "이 집은 꽤나 매운 카레를 먹나 보네"라는 말을 자주 했다고 하더라고. 아무튼 그 덕분에 나는 카레는 매운

음식이라고 생각하게 되었어.

리 하지만 자바 카레만으로는 이렇게 진한 색이 나오지 않을 텐데?

미 잘게 썬 양파와 당근을 진한 갈색으로 변할 때까지 볶는다고 하시더라고.

봉 어머니께서 따로 하신 말씀은 없으셨어?

미 '매운 음식을 못 먹는 사람은 카레 위에 날달걀을 얹어서 먹을 것.' 뭐, 이건 특별할 것도 없어. 나야 괜찮았지만, 우리 할

머니는 매운 음식을 못 드셨거든. 한 마디 더 있네. '두 그릇째부터는 잘게 썬 양배추를 넣어서 먹을 것.'

리 어, 그거 특이한데!

미 우리 집은 각자 자기가 먹을 만큼 카레를 담았거든. 그러면 아무래도 고기만 담게 되잖아. 당근은 쏙 빼고 말이지. 그래서 어머니는 가족들이 채소를 먹지 않을까봐 걱정되셨나봐. 어느 날부터인가 두 그릇째부터는 잘게 썬 양배추를 듬뿍 얹어서 먹는다는 새로운 규칙을 정하셨어. 그래서 카레를 먹는 날에는 항상 식탁 가운데에 카레 냄비와 잘게 썬 양배추를 담은 그릇이 놓였지. 팔팔 끓인 진한 카레와 차갑고 아삭한 양배추를 함께 먹었을 때의 위화감이 잊혀지지 않아.

리 이럴 때라면 언제쯤을 말하는 거야?

미 내가 초등학교에 입학한 게 1980년이었지? 그때부터 돼지고기가 듬뿍 들어간 자바 카레를 먹었어.

리 역시 좀 부유한 느낌이 든단 말이야.

미 뭐, 부자였으니까. 농담이야, 농담(웃음). 지금도 자바 카레를 먹으면 '아, 엄마가 만들어주신 카레'라는 생각이 들지만, 오늘 오랜만에 먹어보니 '아, 카레에 들어 있는 돼지고기가 바로 이런 맛이었구나'라는 생각도 드네.

봉 고기는 어느 부위를 사용한 거야?

미 목살.

리 목살이 가장 맛있지.

미 식감이 딱 좋지 않아? 어떻게 해야 이런 식감이 나냐고 전화해서 물어보기까지 했다니까. Tokyo Curry Bancho씨나 되어서 엄마한테 카레 만드는 법을 물어볼 줄이야.

리더 집안의 카레

일 잘 먹겠습니다.

오 아, 딱 집에서 만든 카레라는 느낌이 든다(웃음).

미 생강향이 나는데, 직접 갈아서 넣으셨나?

리 그럼. 시골에서는 생강 간 것을 따로 팔지 않으니까. 2큰술 정도 넣으셨다더라.

노 꽤 들어가네.

미 이 단맛은?

리 양파하고 설탕, 꿀.

미 설탕하고 꿀을 넣으셨다고?

리 먹어보고 '아, 바로 이 카레야. 이 단맛이야'라는 생각이 들었어.

미 우유도 들어간 것 같아. 그러고 보니 저녁에 카레를 먹고 나면 다음 날 아침에는 항상 남은 카레를 먹잖아. 우리 집에서는 다음 날 아침에 먹을 때는 우유를 넣어서 카레의 양을 늘렸어. 그러면 정말 부드럽고 담백한 카레가 되거든. 그런데 리더네 집에서는 처음부터 그렇게 해서 먹었구나.

리 맞아. 그래서 "이 카레는 누구에게 배웠어?"라고 물어봤더니 "외할머니가 이렇게 만드셨어"라고 하시더라고. 나름 전통 있는 카레야. 그런데 생강은 옛날부터 넣었지만, 꿀과 우유를 넣기 시작한 건 우리 어머니부터야.

미 리더의 섬세한 미각이 바로 그런 환경에서 생겨난 거구나.

리 하지만 어머니가 중학생이던 시절에는 학교에서 다 같이 카레를 만들어보자고 해도 다들 "카레가 뭐예요?"라고 묻던 시대였어. 우리 어머니만 알고 계셨지.

미 어머니는 어떻게 아셨대?

리 외할머니한테 들었으니까. 어머니는 어릴 때 사할린에 사셨는데, 거기서 부유한 생활을 하셨나봐. 1948년에 일본으로 돌아왔는데, 그 당시에 서양식 옷을 입었던 사람은 외가 식구들밖에 없었어. 아오모리에 있는 시골이었으니까.

미 어머니한테 카레를 만들어 달라고 부탁했을 때 반응이 어떠셨어?

리 만드는 방법을 전화로 물어보면서 메모했는데, "꿀은 이미 넣었으니 잊어버리지 말고, 그리고 생강도 잊지 말고 넣어야지"라고 하시더라. 그리고 "마지막에 설탕을 꼭 넣어야 한다"고 하셨어. 우리들이 '4가지 비법' 중 하나로 꼽는 설탕을 1940년대부터 썼다니 정말 놀랍더라. 재료는 전부 먹기 좋은 크기로 썰었고.

오 리더의 꼼꼼한 성격은 어머니를 닮았네.

리 그래서 카레는 어땠어?

미 역시 기대한 대로 맛있었어.

오 Tokyo Curry Bancho의 대표 메뉴로 삼아도 손색이 없을 정도야(웃음).

봉주르 이시이 집안의 카레

리 눈에 확 띄는군?

봉 닭날개하고 닭다리살, 두 가지를 다 넣었어. 우리 집은 한번에 꽤 많은 카레를 만들거든.

미 형제가 많아?

봉 아니. 잔뜩 만든 다음 하루 이틀 지나면서 카레가 점점 맛있어지는 걸 좋아하거든.

리 와인을 오래 숙성시키듯이 말이시(웃음)?

미 꽤 카레 마니아 같은 방법이야. 겉보기에는 왠지 카레 루로 만들었다는 느낌이 안 들어.

봉 우리 집은 카레 가루를 써. 그리고 양파를 5개 정도 넣지.

일 그래? 특이하네!

미 홋카이도 출신이지? 양파가 맛있지.

봉 치킨 카레이긴 하지만 양파가 메인이야. 감자는 안 넣어.

봉 매번 그러다보니 이번에도 깜박했지만 항상 당근 넣는 것을 잊어버린단 말이야.

리 원래는 들어가?

봉 들어가. 항상 '당근을 넣으면 더 맛있었을 텐데'하면서도 늘 잊어버려(웃음). 그게 우리 어머니 방식이지.

미 이번 책에서 봉주르가 소개한 '닭날개 카레'와 비슷한 것 같아.

봉 닭날개 카레는 옛날부터 만들었어.

일 잘 먹겠습니다.

S 으응, 맛있어!

봉 그 유명한 '인디라 카레* '의 가루를 사용하니까 물기가 많아. 역시 당근이 필요하네(웃음). 그런데도 항상 넣는 것을 잊어버린단 말이야.

* **인디라 카레** 일본 나일상회 제품으로 엄선된 재료를 사용하여 향과 맛이 뛰어나다.

미즈노 진스케
조리 주임
1974년 1월생
B형

초등학교 시절 어머니께
"채소절임 없이 먹는 카레는
카레가 아니야!"라고
쏘아붙였다고 하지만,
전혀 기억이 나지 않는다.

리더
1968년 11월생
O형

엄마가 만든 카레를
마지막으로 먹은 것은
고등학교 3학년 가을이었다.
차갑게 식은 카레를 그대로
따뜻한 밥 위에 얹어 먹었던
기억이 난다.

미 나는 당근이 안 들어가는 게 좋아.

봉 어머니가 정말 오랜만에 카레를 만드신 건가봐.

리 그러실 거야. 아이들이 크면 카레는 잘 만들지 않게 되니까.

봉 맞아. 내가 18살에 독립했거든. 어머니도 생각만큼 잘 만들어지지 않아서 마음이 좋지 않으셨는지, 편지 마지막에 한마디 덧붙이셨더라고. '상상과 현실은 다를 거라 생각한다(실망했을 거야). 내가 만들어 놓고도 이런 맛이었나 싶더라. 나도 이제 나이를 먹은 거지'라고.

리 괜히 슬퍼지네.

미 코끝이 찡하다.

봉 나중에 전화로 물어봤는데, 카레 재료를 사러 간 날, 앞에 가던 여자아이가 가게 앞에 쳐놓은 줄을 사뿐히 뛰어넘었대. 그래서 어머니도 따라서 뛰었는데 발이 걸려서 넘어지셨다는 거야(웃음). 그 바람에 다쳐서 의자에 앉은 채 카레를 만드셨다고 하더라고.

미 점점 더 슬퍼…….

봉 그래. 이런저런 이유로 어머니의 생각과 조금 다른 카레가 된 것 같아.

미 그래도 먹어보니까 어때? 먹어보니 '역시 이 맛이야!'라는 느낌이 들어?

봉 조금 다른 것 같아(웃음).

일 (웃음)

봉 원래 좀 더 진한 맛이었던 것 같아. '카레는 원래 하루 지나야 맛있어'라는 말을 어머니가 입버릇처럼 하셨지. 그래서 다음날 아침이 더 중요했어. 아버지도 아침에 먹을 카레를 기대하셨으니까. 아버지와 함께 저녁을 먹는 날이 많지 않았거든.

미 온가족이 둘러앉아 카레를 먹는 시간이 아침이었구나.

봉 그런 말도 있잖아. '카레는 1박2일'이라고(웃음).

리 응? 그게 무슨 뜻이야?

봉 여자 친구를 불러서 카레를 대접한 다음, "원래 다음 날 아침에 먹는 카레가 제일 맛있어"라는 말로 꼬드겨서 자고 가게 한다고 말이야(웃음).

미 그런 말은 들어보지 못했다고! 어머니는 홋카이도에서 슬퍼하시는데 아들은 도쿄에서 그런 소리나 하고 있고. 정말 자식이란 부모의 심정을 모른다니까.

단노샤초 집안의 카레

미 뭔가 정통 가정식 카레의 맛이 나.

단 다들 어머니께 카레를 만들어달라고 부탁하기로 했잖아. 그래서 전화했더니 마침 그때 카레를 만들고 계셨어.

일 (웃음)

리 그거 정말 대단하네.

다 정식으로 만들어달라고 부탁하면 아무래도 평소에 먹던 카레와 조금 달라지잖아. 그래서 그 카레를 그냥 보내달라고 했어.

봉 진짜 엄마손 카레네. 잘 먹겠습니다.

리 아, 정말 집에서 만든 카레구나.

미 감자가 녹아있어서 좋아. 그런데 양념으로 간장 같은 것을 넣었지?

단 응. 넣었어. 가끔 소스를 사용할 때도 있지만, 대부분 간장을 넣어.

W 카레 루는?

단 아마 당시에는 바몬드 카레가 아니었을까? 진한 맛이 없었던 것 같아. 좀 심심한 맛이어서 사실 그리 좋아하지 않았어.

미 그랬구나. "오늘 저녁 메뉴는 카레야"라는 말을 들어도 "그게 뭐?"라는 느낌?

단 맞아. 별다른 느낌이 없었어. 그냥 심심한 맛이었거든. 그래서 그냥 한 그릇 먹고 말았어.

리 채소절임이나 락교를 함께 먹지 않았어?

단 아니. 오로지 카레였어.

미 고기는?

단 잘게 썬 돼지고기.

미 돼지고기를 잘게 썰어서 넣으면 맛있지.

단 한 번 만들면 몇 끼씩 먹고는 했어.

리 사실 카레 루 한 개를 뜯으면 12인분 정도 나오니까. 학교 급식에 나오는 카레가 이런 느낌이었어.

미 여기에 완두콩이 들어가 있으면.

봉주르 이시이
축제 주임
1968년 11월생
O형

어머니께서는 "우리 집을
대표하는 엄마의 손맛 요리는
당연히 카레지!"라는 말을
입버릇처럼 하셨다.
요즘 들어서 정말 그렇다는
생각이 든다.

단노샤초
영화 주임
1973년 12월생
A형

카레를 만든 날에도
어머니께서는 혼자서
밥에 야키소바를 얹어서
드시고는 했다.

일　완두콩이라고?!
미　급식에 나오는 카레에는 완두콩이 들어
　　있잖아.
일　안 들어가!

WARA 집안의 카레

W　치킨 카레야. 사실 우리 집은 정해진 레시
　　피 같은 게 없어. 원래 농사를 짓는 집이
　　어서 그때그때 수확한 채소를 넣고 만들
　　었거든.
미　대단해! 제철채소가 들어가다니.
오　그거 좋네.
W　7월에는 부추가 들어가서 한번 그대로 만
　　들어봤어.
일　우와!
W　때에 따라 여기에 무가 들어갈 때도 있고,
　　토마토가 들어갈 때도 있어.
오　정말 특이한 조합이군.
W　항상 기본은 바몬드 카레와 마늘이야.
봉　그렇게 맵지는 않다.
미　마늘 향이 정말 많이 나는데?
봉　부추도 그렇고. 카레에 부추가 들어가도
　　괜찮은데?
미　제철채소 이외에 고기는 닭고기?
W　고기는 닭고기만 썼어. 할아버지께서 닭
　　을 키우셨는데, 목을 졸라서 잡은 닭을 식
　　탁 위에 그대로 올려놓으셔서 식욕이 달

아나버릴 때도 있었지(웃음).
미　풍족한 식생활이었네.
W　하지만 고기보다는 채소 중심의 식생활이
　　었어. 할아버지와 할머니가 계셔서 재료
　　를 모두 잘게 썰어서 넣었고. 그리고 물기
　　가 조금 많은 편이었어.
미　온통 채소밖에 없어서 카레를 싫어하진
　　않았어?
W　아니. 그렇지는 않았지만 일부러 고기를
　　쏙쏙 골라 먹었지.
미　채소를 따로 건져낼 수 없을 만큼 채소가
　　많이 들어 있었으니까.
W　맞아.
S　이런 카레는 좀처럼 구경하기 힘들 걸.
리　매번 재료를 바꾸는 경우도 없고 말이야.
미　혹시 넣지 말았으면 하는 채소는 없었어?
W　양하.
미　양하를 넣었어? 어린아이가 먹는 카레에?
　　얇게 저며서 넣었어?
W　아니, 완전 큼지막하게.
일　(웃음)
미　양하 카레란 말이지?
W　그래. 다른 채소도 있었지만 양하가 메인
　　이었어. 농사를 지어서 그런지 아낌없이
　　넣으셨어.
미　그럼 가장 좋아했던 채소는 뭐였어?
W　가지. 시골에서는 두루두루 다 친하게 지
　　내니까, 다들 수확하면 이웃하고 나눠 먹

거든. 그러면 집에서 수확한 채소에 이웃
에게 받은 채소까지 더해서 양이 많았어.

Mr.노구치 집안의 카레

미　이건 카레가 아니잖아(웃음).
S　술안주 같은데?
노　토란이야. 이건 인도요린데, 채소를 쪄서
　　만드는 사브지야.
미　노구치는 외할아버지가 인도 사람이고 어
　　머니가 혼혈이라, 일본식 엄마손 카레라
　　는 것이 없었겠다.
노　집에 향신료가 많아서 제철 재료를 넣고
　　카레를 만들었어.
미　카레 루는 전혀 사용하지 않아?
노　카레 루를 조미료처럼 한 덩어리 정도 넣
　　은 적은 있었던 것 같아. 어머니가 그러시
　　는데, 내가 그런 요리를 엄청 좋아했었다
　　네(웃음).
일　(웃음)
리　의외로 루를 좋아했구나.
오　맛있잖아. 향이 다른 걸.
S　이게 엄마손 카레라고 하면 다들 깜짝 놀
　　랄거야.
노　외할아버지가 살아계실 때는 좀 더 정통
　　인도식에 가까웠대. 인도 레스토랑에서
　　나올 법한 요리였다고 하더라고. 예를 들
　　면 가라아게(일본식 닭튀김) 같은 일반적

WARA
DJ 주임
1973년 10월생
B형

카레를 먹을 때는
항상 텔레비전 앞에 앉아서
프로레슬링 경기를 보았던
기억이 난다.

Mr. 노구치
1973년 6월생
O형

환풍기 밖으로 새어나오는
카레 냄새에는 그리운
추억이 배어있다.
그만큼 카레는 특별한
요리라는 생각이 든다.

인 음식을 먹은 다음, 차파티(밀가루를 반
죽해서 둥글고 얇게 구운 인도음식)와 달
카레로 마무리하는 식이었어. 어머니가
일본식 입맛에 맞도록 미소된장이나 맛술
을 넣기도 하셨고.

봉 그래서 이런 단맛이 나는구나.

노 망고 처트니 같은 것을 넣어서 반드시 기
본적인 단맛을 만들고, 그 다음에 고추 같
은 향신료를 써서 매운맛을 첨가했어.

미 노구치는 줄곧 그런 카레를 먹고 자랐잖
아. 언제쯤 우리 집 카레가 남들과 다르다
는 생각을 했어?

노 글쎄. 생각보다 빨리 눈치챘어.

일 (웃음)

노 우리 집 카레는 이웃집 카레와 전혀 다르
다는 것을 깨달았지. 평소에 향신료를 사
용한 카레에 익숙해져 있어서 다른 카레
를 먹으러 갔을 때는 전혀 다른 음식을 먹
는 느낌이었어. 오히려 그 편이 더 맛있게
느껴지기도 하고, 카레 루의 감칠맛이 좋
기도 하고 말이야. 아까 미즈노네 카레를
먹으면서 고기가 참 맛있다는 생각을 했
어.

미 고기와 향신료를 볶아서 끓인 것 같은 카
레도 집에서 먹었겠네?

노 당연하지. 우리 할아버지가 여주에 다진
돼지고기를 채워 넣은 카레를 아주 잘 만
드셨거든(웃음).

미 기본이 인도요리였구나!

S 보통 일본 엄마들은 그렇게 안 하지.

노 우리 할머니도 꽤나 고생하셨을 거야. 차
파티나 달카레 만드는 법을 배워서 매일
만드셨으니까.

미 엄마손 카레라고 할 만한 요리가 정해져
있지 않고, 매번 다른 향신료가 들어간 고
기나 채소 요리가 나왔잖아. 그중에서 가
장 좋아한 건 어떤 거야?

노 치킨 카레였던 것 같아. 인도 남자는 고집
이 세. 아주 철저해. 외할아버지가 일단
한 번 만들라고 하면 무조건 만들어야 해.
그래서 우리 어머니는 인디라 카레에서
나온 카레 가루의 도움을 많이 받으셨어.

미 그건 봉주르네 집하고 같네.

SHINGO 집안의 카레

미 색깔이 가장 진하다.

리 그러게. 정말 진하다.

미 어떻게 하면 이런 색이 나오지?

S 간장을 넣어서 그런 게 아닐까? 그리고 잎
새버섯도 들어있어.

미 그리고 가지 껍질에서 우러난 색일지도
몰라. 미니 햄버그스테이크도 들어있네.

S 난 카레를 어릴 때만 먹었어. 초등학교 고
학년 때까지였나?

미 그렇겠지, 중학교 때부터 비뚤어지기 시

작했으니까(웃음).

S 우리 엄마는 피망처럼 내가 싫어하는 채
소를 햄버그스테이크에 몰래 넣어서 먹이
셨어.

봉 어머니가 정말 지극정성이셨다.

미 보통 아이들이 잘 안 먹는 채소를 카레에
넣으면 잘 먹잖아. 카레에 넣는 것이 아
니라, 카레에 들어가는 햄버그스테이크
에 몰래 넣는다는 건 보통 정성이 아니야.
SHINGO가 눈치가 빨라서 채소가 들어간
걸 금방 알아채고 먹질 않았다는 소리겠
지(웃음).

S 맞아. 그래서 지금 이렇게 컸잖아.

미 어머니도 정말 고생하셨네.

오 햄버그스테이크 맛있다.

리 정말 피망이 들어있네.

S 그 덕분에 내가 피망을 좋아하게 됐어. 문
제가 될 정도로 정말 심각하게 피망을 싫
어했거든. 피망 냄새가 나는 건 손도 대지
않았다고 하더라고.

미 피망 말고 또 싫어하는 음식은 없었어?

S 양파도 싫어했어.

미 이건 심각한 문제인데? 그럼 애초에
Tokyo Curry Bancho를 하면 안 되는 거
아니야(웃음)?

일 (웃음)

S 양파는 카레에 넣어 먹으면 괜찮아. 하지
만 피망은 향이 진하게 남거든. 그래도 햄

SHINGO/3LDK
크래프트 주임
1974년 8월생
O형

우리 집 카레에는 고기가
듬뿍 들어있었다.
고기만 골라먹으려다가
엄마한테 혼이 나기도 했다.
하지만 지금도 이런 습관은
변하지 않았다. 고기 만세!

오쇼
밥짓기 주임
1974년 9월생
O형

카레는 토요일 저녁에
먹을 때가 많았다.
하지만 일요일에 카레를
먹은 기억은 없다.
'엄마손 카레'를 다음날까지
먹는 일은 없었다.

버그스테이크에 넣은 후로는 먹을 수 있
게 되었어.

미　고기에 홀라당 넘어갔구나?

리　햄버그스테이크가 그렇게나 좋았던 모양
이지.

미　그래서 오늘 먹어보니 어때? '그래, 바로
이 맛이야!'라는 느낌이 들어?

S　햄버그스테이크를 먹는 순간 떠올랐어.
카레 루는 잘 생각이 안 나지만 피망이 들
어간 햄버그스테이크는 보기 힘드니까.
카레의 맛 자체에는 큰 특징이 없어. 기본
적으로 피망을 어떻게든 숨기기 위한 카
레인 셈이야.

미　카레를 만들어달라고 부탁했을 때 어머니
는 어떤 반응이셨어?

S　어머니께서 "네가 무슨 카레를 좋아했더
라?" 물으셔서 "햄버그스테이크처럼 생
겼는데 채소가 가득 들어간 거였잖아" 했
더니 "그거 피망이다"라고 하시더라. 그
래서 "그럼 그걸로"라고 부탁해서, 어머
니가 십 수 년 만에 카레를 만드셨어.

S　처음에 전화해서 부탁했더니 "혹시 무슨
일 있니?"라고 물으시더라고.

리　그러실 만하지.

S　내 모습이 좀 이상해 보였나봐.

미　새로운 유형의 보이스 피싱인 줄 아셨는
지도 몰라.

오쇼 집안의 카레

미　뭔가 묵직한 맛이네?

오　어릴 때 먹었던 카레와 조금 다른 점은 파
프리카가 들어가 있다는 것 정도? 우리 집
도 농사를 짓지는 않지만 작은 텃밭이 있
어서 계절별로 수확한 채소가 들어갔어.

미　멋진데?

오　어릴 때 피망을 잔뜩 수확하면 카레에 넣
기도 했는데, 정말 당시에는 끔찍했어. 올
해는 파프리카를 많이 따서 그런지 카레
에 파프리카가 들어갔네.

S　냄새 때문에 피망을 싫어하는 사람이 꽤
많아.

미　여기에 들어간 돼지고기는 어느 부위야?

오　카레 스튜용이라고 적혀있는 부위야. 루
는 바몬드.

미　특별히 사용하는 조미료는 없어?

오　없어. 엄마의 설명서에는 돼지고기를 사
용한다고 적혀있는데, 돼지고기가 없을
때는 참치통조림 같은 걸 넣었어.

일　맞아. 그럴 때도 있었어.

오　초등학교 때 학부모를 대상으로 영양 세
미나 같은 게 열렸는데, 그때 참치통조림
을 소개했었나봐. 그 후로 많이 먹었지.
참치볶음밥이나 참치통조림을 이용한 요
리를 의외로 자주 먹었다니까.

리　참치볶음밥이란 거, 가끔 우리 이벤트 행

사에서 선보이는 그걸 말하는 거지?

오　맞아. 우리 집에서 먹던 걸 그대로 베낀
거야.

미　만가닥버섯을 넣다니 역시 나가노답네.

엄마손 카레의 결론

리　엄마손 카레는 역시 맛있다. 자기네 집 카
레가 맛있는 게 당연하겠지만, 다른 집의
카레도 역시 맛있어.

S　응, 정말 맛있어.

미　카레마다 스토리가 있다는 점도 재밌어.
기술적인 면에서 가장 인상 깊었던 것은
리더네 집 카레에 들어간 생강이었어.

리　나도 레시피를 듣고 외할머니 때부터 그
렇게 만들었다는 말에 좀 놀랐어.

미　엄마손 카레는 요즘 점점 사라져서 거의
볼 수 없을 지경이야. 하지만 이렇게 맛있
는데, 집에서 먹는 엄마손 카레를 이번 기
회에 좀 더 연구해봤으면 좋겠어. 어머니
한테 만드는 법을 여쭤봐서 그 맛을 이어
가자고. 이번 책이 끝나면 2탄으로 '엄마
손 카레'라는 책을 내보자. 어릴 적에 엄
마가 만들어주던 카레 레시피를 많이 모
아서 그대로 재현해보는 거야. ❖

Tokyo Curry Bancho의
엄마손 카레

봉주르 이시이 집안
1박2일 치킨 카레

SHINGO/3LDK 집안
사랑의 햄버그 카레

미즈노 집안
에이코의 포크 카레

리더 집안
사할린 카레

단노샤쵸 집안
아훔 카레

WARA 집안
후루도노 카레

Mr. 노구치 집안
토란 간장 조림 카레

오쇼 집안
토요일 카레

A ㅣ 엄마손 카레는 역시 맛있습니다. 엄마손 카레를 다시 살려보세요! 

6

변신이 즐거운 루 카레의 세계

평범한 루 카레에 질렸다면 색다른 요리에 도전해보세요.
루 카레라고 해서 꼭 밥에 얹어 먹어야 하는 것은 아닙니다.
카레 루를 잘 활용한다면 스파게티나 야키소바, 영양밥은 물론,
어묵탕이나 된장국 같은 요리도 화려하게 변신시킬 수 있어요.

2

어묵과 카레의 만남
루 어묵탕

재료 : 4인분

- 어묵탕 스프 (시판제품) 4인분
- 무 (둥글게 썰기) $\frac{1}{2}$ 개
- 삶은 달걀 3개
- 감자 (2등분) 2개
- 실곤약 2개
- 튀긴 두부 1개 / 구운 두부 (6등분) 1모
- 소시지 3~5개
- 한펜 (2등분) 1개
- 둥근 어묵 (어슷썰기 2등분) 4개
- 카레 루 1인분
- 물 5컵

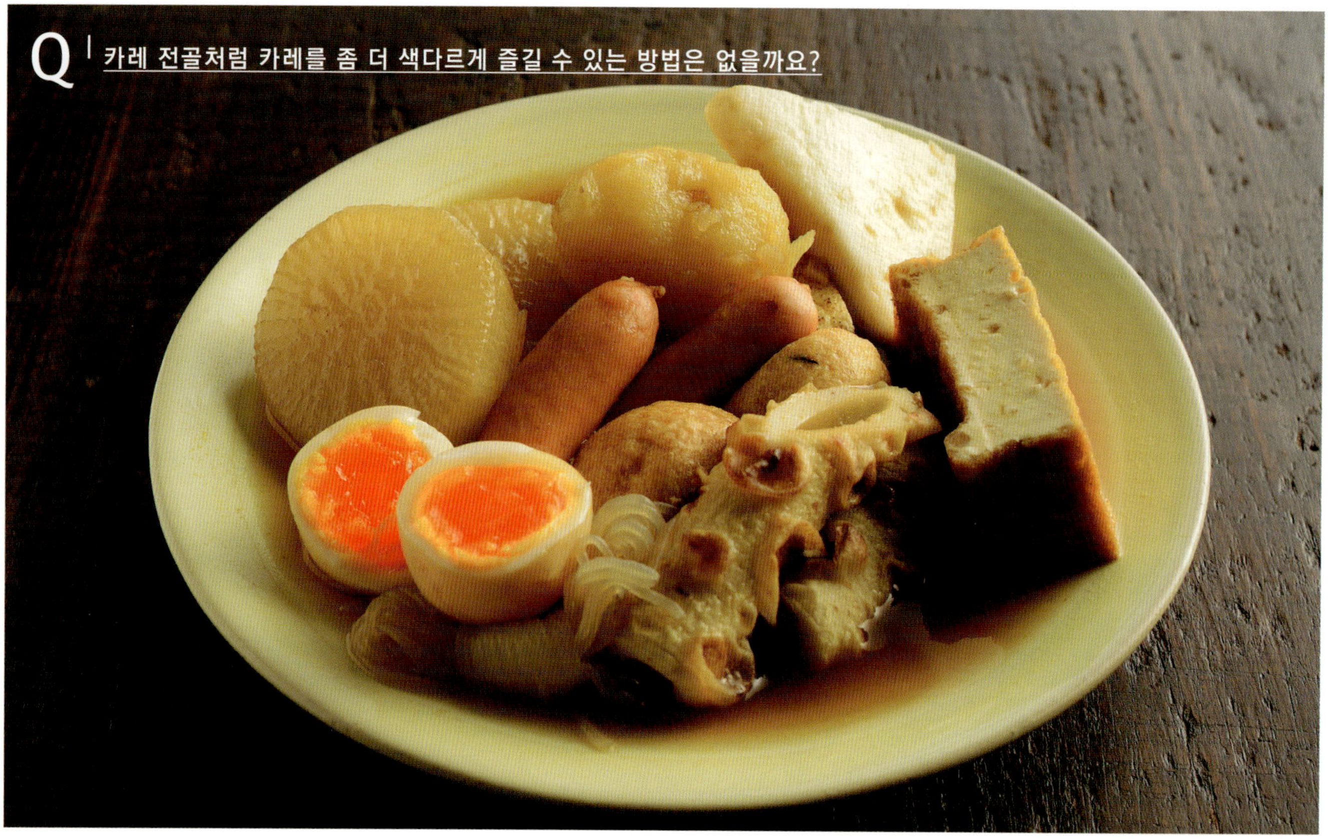

※ **한펜** 다진 생선살에 마 등을 갈아서 넣고 쪄서 굳힌 것.
※ **튀긴 두부** 두부를 두툼하게 썰어서 기름에 튀긴 것.

HOW TO MAKE

1 물을 끓여서 어묵탕 스프를 넣고 맛국물을 만든다.

2 끓기 시작하면 불을 끄고 카레 루를 잘게 쪼개어 넣고 잘 섞어서 루 어묵탕 국물을 만든다. 어묵탕에 넣을 재료는 미리 데쳐서 맛이 잘 스며들게 한다.

3 무는 모서리를 둥글게 다듬어서 끓이다가, 끓기 시작하면 20분 후에 건져서 물에 담가둔다.

4 삶은 달걀은 껍데기를 벗긴 후 물에 담가 둔다.

5 감자를 속까지 부드럽게 익히려면 찌는 게 좋지만, 번거로울 때는 전자렌지를 이용해도 된다.

6 튀긴 두부는 뜨거운 물을 부은 다음 키친타월로 기름기를 제거한다.

7 그 밖의 재료도 먹기 좋은 크기로 썬 다음 맛이 잘 배지 않는 재료부터 순서대로 넣고 40~50분 정도 끓인다.

무 ▶ 삶은 달걀 ▶ 실곤약 ▶ 튀긴 두부 ▶ 구운 두부의 순서로 넣는 것이 좋다.

4

카레 국물에 적셔 먹는
루 쓰케멘

재료 : 4인분

- 생강(잘게 다지기, 채썰기) 각 1조각씩
- 마늘(잘게 다지기) 1조각
- 풋고추·홍고추(작고 둥글게 썰기) 1~2개
- 삼겹살(얇게 썰기) 150g
- 가지(반달 썰기) 2개
- 푸른 차즈기(가늘게 채썰기) 3장
- 흰깨·영귤 적당량
- 참기름 1Ts
- 카레 루 2인분
- 다시노모토·간장 2ts
- 물 500㎖
- 소면 3묶음

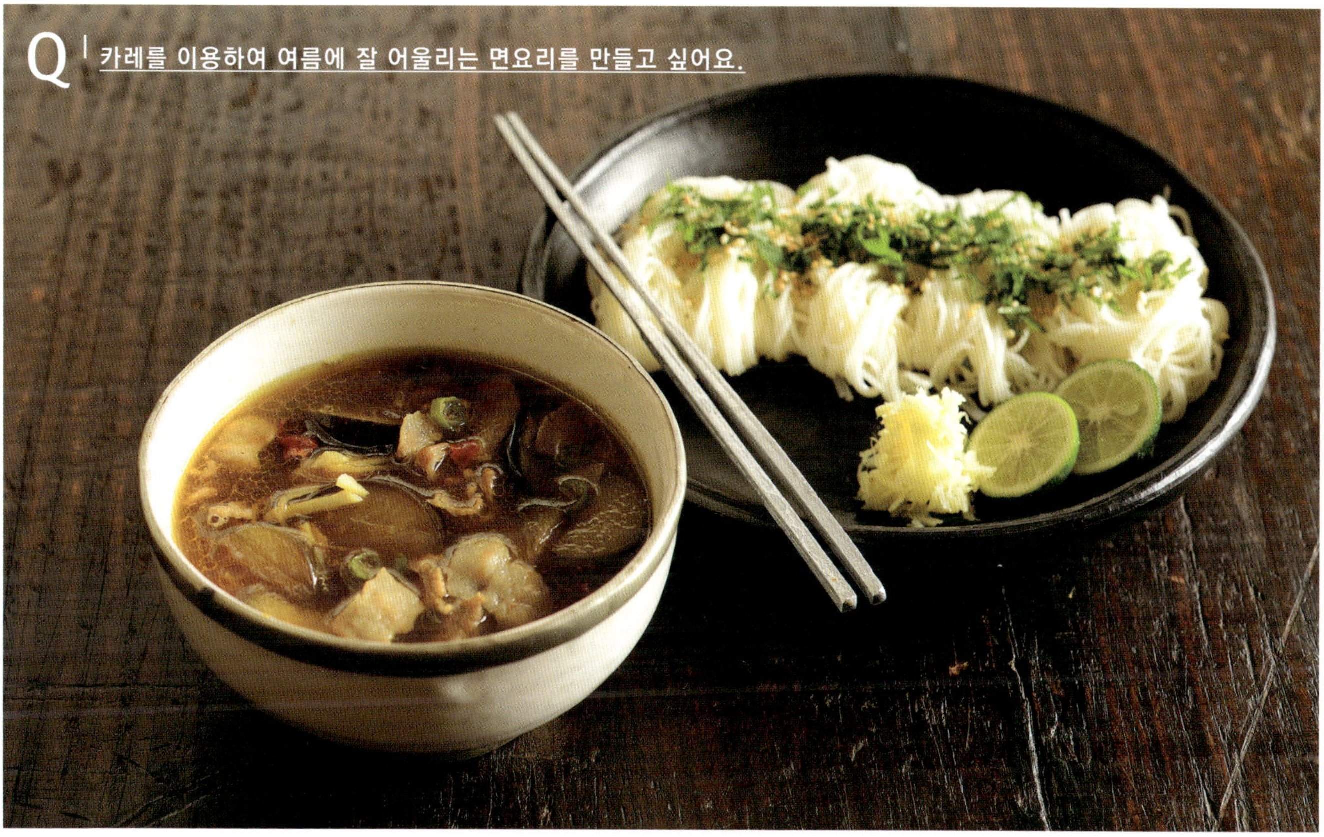

HOW TO MAKE

1. 냄비에 분량의 물과 다시노모토, 간장,
   잘게 썬 생강, 마늘, 풋고추, 홍고추를 넣고 끓인다.

2. 끓기 시작하면 잘게 쪼갠 카레 루를 넣고 잘 섞는다.
   카레 국물을 미리 만들어 놓고 면을 삶으면 여유있게 요리할 수 있다.

3. 프라이팬에 참기름을 두르고 강한 불에 달구어 삼겹살과 가지를 넣고 볶는다.
   이때, 가지에 기름이 잘 스며들어야 한다.

4. 3을 2의 카레 국물에 넣는다.

5. 소면을 삶아서 얼음물에 헹군다.

6. 향을 돋우기 위해 영귤과 차즈기를 얇게 썰어서 소면 위에 얹고, 흰깨를 뿌린다.

파스타

카레+케첩
루 나폴리탄

재료 : 4인분

- 양파(잘게 다지기) 1개
- 당근(잘게 다지기) 1개
- 생강 1조각
- 마늘 2조각
- 셀러리 5㎝
- 양송이(얇게 썰기) 4~5개
- 닭다리살(한입 썰기) 200g

- 케첩 4Ts
- 카레 루 2인분
- 파스타(1.6㎜) 300g
- 버터 20g
- 물 1.5컵
- 식용유 4Ts

HOW TO MAKE

1 프라이팬에 식용유를 두르고 강한 불로 달구어 양파를 넣고 볶는다.
  중간에 마늘, 생강, 셀러리, 물 100㎖를 믹서에 갈아서 넣고 갈색으로 변할 때까지 잘 볶는다.
  믹서가 없으면 강판에 갈아도 되지만, 믹서에 가는 편이 골고루 잘 섞인다.

2 카레 루가 타지 않고 볶은 양파와 빨리 섞일 수 있도록 잘게 다져서 넣고
  끈기가 생길 때까지 볶는다.

3 다른 프라이팬에 식용유를 두르고 강한 불로 달군 다음,
  소금과 후추로 밑간을 한 닭고기를 올려서 노릇노릇하게 굽는다.

4 2에 3의 닭고기와 당근, 양송이를 넣고 살짝 볶은 다음,
  케첩과 물 200㎖를 넣어서 중간 불로 볶고 소금으로 간을 맞춘다.

5 마지막으로 잘 삶은 파스타에 버터를 넣고 섞은 다음,
  검은 후추를 뿌리고 4의 카레 소스를 넣어 버무린다.

A | 카레를 넣은 나폴리탄은 토마토의 새콤한 맛과 카레의 조화가 절묘합니다! 

Q | 카레 루를 사용하여 이국풍 카레 요리를 만들 수 있을까요?

3

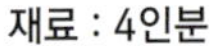

벌거 밀은 현미와 비슷하며, 몸속 독소를 배출시키는 디톡스 효과가 뛰어난 식재료로 파스타보다 식감도 뛰어납니다. 카레에 들어가는 재료를 해산물이나 채소로 바꿔도 좋아요. - Mr.노구치

이국적인 모로코풍
쿠스쿠스 카레

재료 : 4인분

- 카레 루 2인분
- 벌거 밀 2컵
- 올리브유 3Ts
- 양파(굵게 다지기) 1개
- 마늘(잘게 다지기) 1조각
- 토마토(굵게 다지기) 1개
- 닭다리살(1.5㎝ 깍둑썰기) 200g
- 뜨거운 물 2.5컵
- 소금 1ts

※ **벌거 밀** 삶은 밀을 말려서 빻은 것.
※ **쿠스쿠스** 좁쌀모양의 파스타. 또는 쿠스쿠스로 만든 모로코의 요리.

HOW TO MAKE

1 **밑준비** 뜨거운 물에 카레 루를 푼다.

2 프라이팬에 올리브유를 두르고 중간 불에서 달군 다음, 마늘과 양파를 넣고 볶는다.
  양파가 숨이 죽으면 닭다리살과 토마토 그리고 1과 소금을 넣고 볶는다.

3 벌거 밀을 넣고 2분 정도 볶은 다음, 뚜껑을 덮고 약한 불로 8분 정도 끓인다.

4 불을 끄고 뚜껑을 덮은 채 10분 정도 뜸을 들인다.
  뚜껑을 열지 않고 뜸을 들이는 것이 맛의 비결이다.

5 잘 저어서 접시에 담는다.

A | 카레 루만 있으면 모로코풍 카레도 간단하게 만들 수 있어요. 

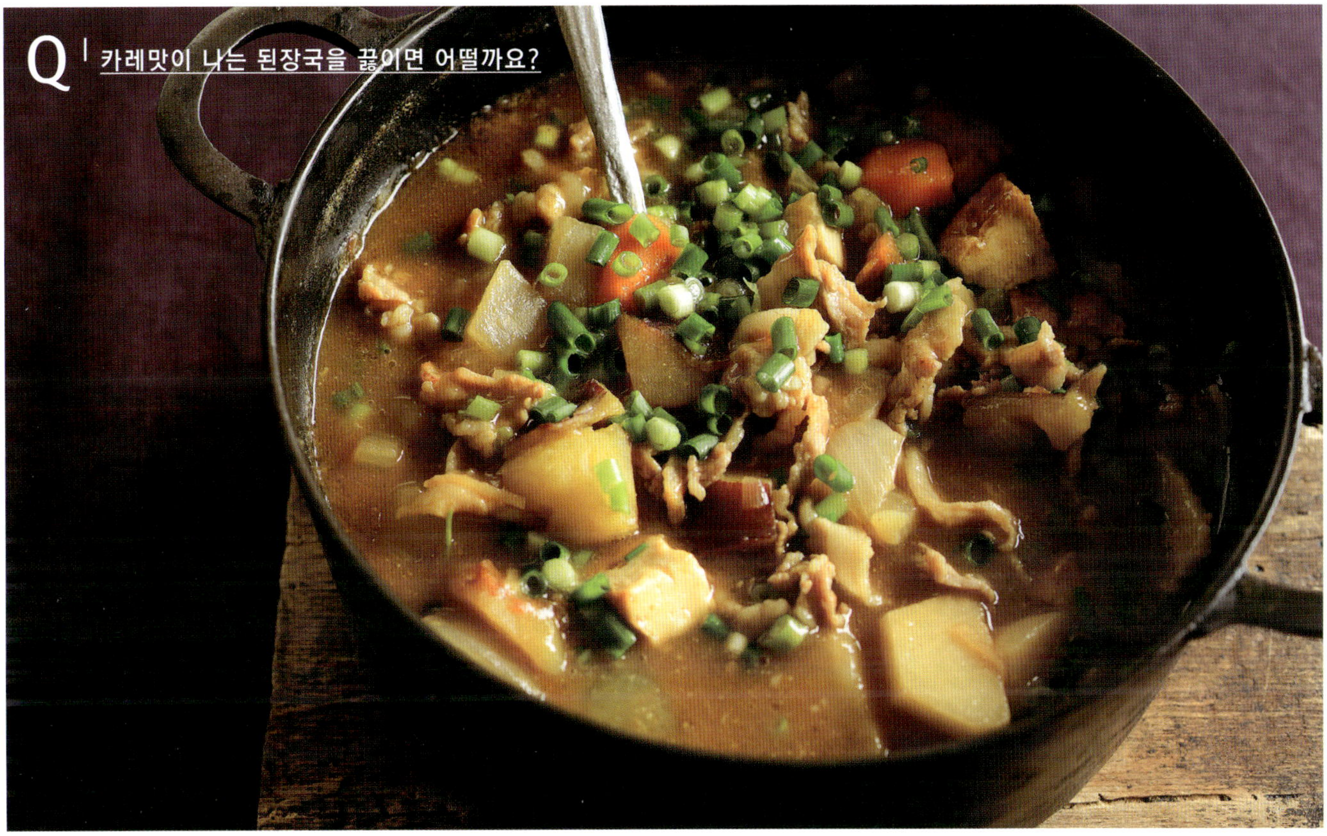

3

엄마의 손맛이 느껴지는
카레 미소된장국

재료 : 4인분

- 감자(한입 썰기) 2개
- 토란(한입 썰기) 4개
- 고구마·당근(한입 썰기) $\frac{1}{2}$개
- 양파(토막썰기) 중간 것 1개
- 무(3cm 깍둑썰기) 약 5cm
- 튀긴 두부(3cm 깍둑썰기) 1모
- 삼겹살(5cm 썰기) 300g

- 생강(2mm 채썰기) 1조각
- 마늘(잘게 다지기) 1조각
- 일본된장(액상형태) 100㎖
- 식용유 2Ts
- 물 700㎖
- 쪽파 적당량
- 카레 루 2인분

HOW TO MAKE

1 프라이팬에 식용유를 두르고 약한 불로 달구어서
   생강과 마늘을 넣고 향이 날 때까지 볶는다.

2 마늘의 색이 변하기 시작하면 당근과 돼지고기를 넣고 볶는다.

3 고기가 충분히 익으면 감자, 토란, 고구마, 양파, 당근, 무를 넣고 볶는다.

4 양파의 색이 변하면 물을 넣고 중간 불에서 약 20분 팔팔 끓인다.

5 거품을 걷어내고 일본된장을 넣는다.
   잘 풀어질 수 있게 액상제품을 사용하는 것이 좋다.

6 불을 끄고 카레 루를 넣어서 잘 녹인 다음,
   다시 중간 불로 5분 정도 더 끓인다.

7 그릇에 옮겨 담고 취향에 따라 쪽파를 적당히 뿌린다.

A | 일본된장과 카레의 조합이 의외로 잘 어울려요! 엄마의 손맛을 느낄 수 있는 새로운 요리 완성! 

Q | 카레와 야키소바를 정말 좋아하는데, 두 가지를 함께 즐길 수 있는 방법은 없나요?

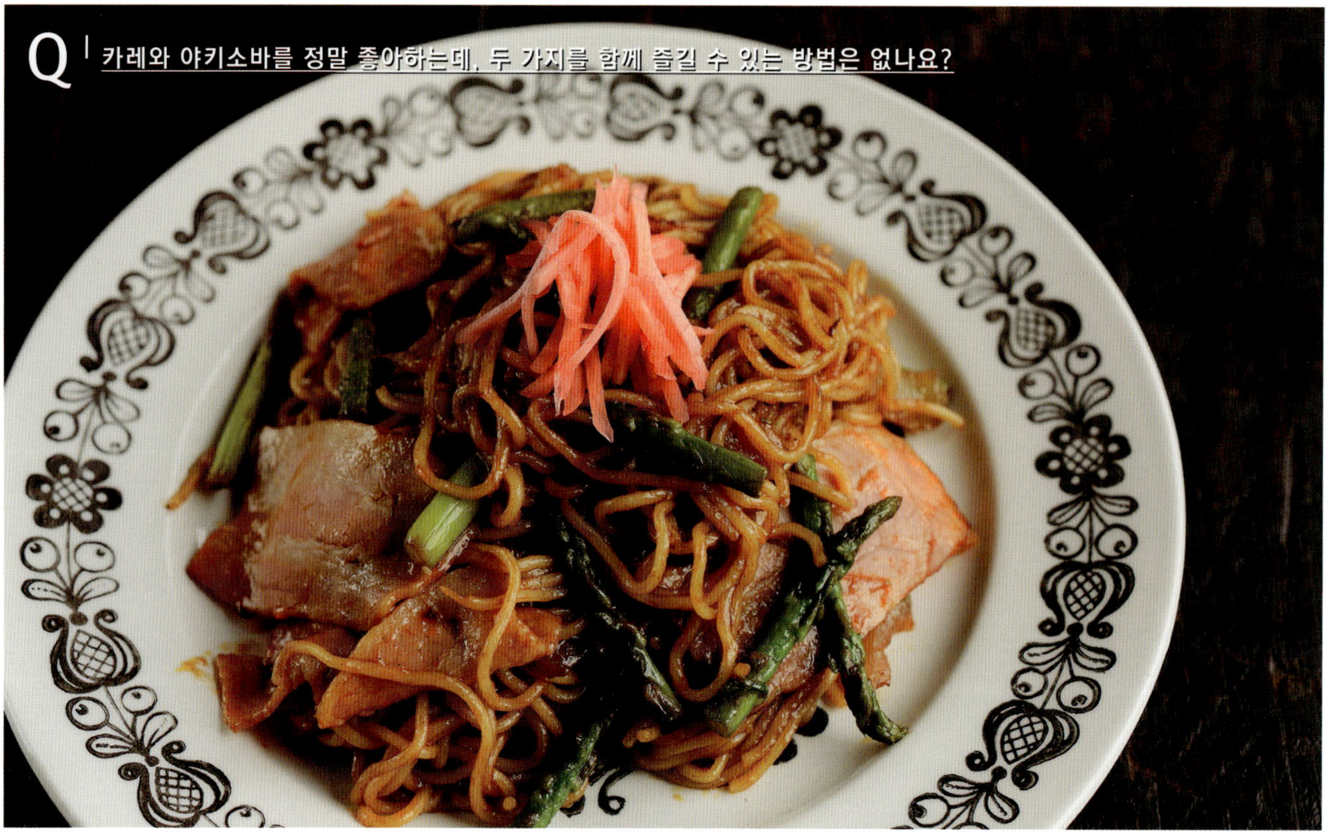

4

좋아하는 두 음식의 조화
카레 야키소바

재료 : 4인분

- 중화면 2인분
- 양파(가늘게 썰기) 1개
- 베이컨(숭덩숭덩 썰기) 5장
- 아스파라거스(숭덩숭덩 썰기) 10개
- 마늘(잘게 다지기) $\frac{1}{2}$ 개
- 생강 조금
- 콩소메(고형) 1개
- 카레 루 1인분
- 토마토 케첩 1Ts
- 뜨거운 물 $\frac{1}{2}$ 컵
- 식용유 1Ts

HOW TO MAKE

1 **밑준비** 끓는 물에 카레 루를 녹이고, 콩소메와 케첩을 넣어서 잘 섞는다.

2 프라이팬에 식용유를 두르고 강한 불에 달군 다음,
양파, 아스파라거스, 마늘, 베이컨을 순서대로 넣고 볶는다.
아스파라거스가 충분히 익으면 불을 끈다.

3 1을 넣고 섞는다. 루를 너무 많이 넣으면 매워서
아이들이 먹기 힘들기 때문에 주의해야 한다.

4 중화면을 넣고 볶는다.

5 그릇에 담고 생강을 원하는 만큼 올린다.

A | 카레 야키소바를 만들어보세요! 카레와 야키소바는 실패할 걱정 없는 최강 콤비! 

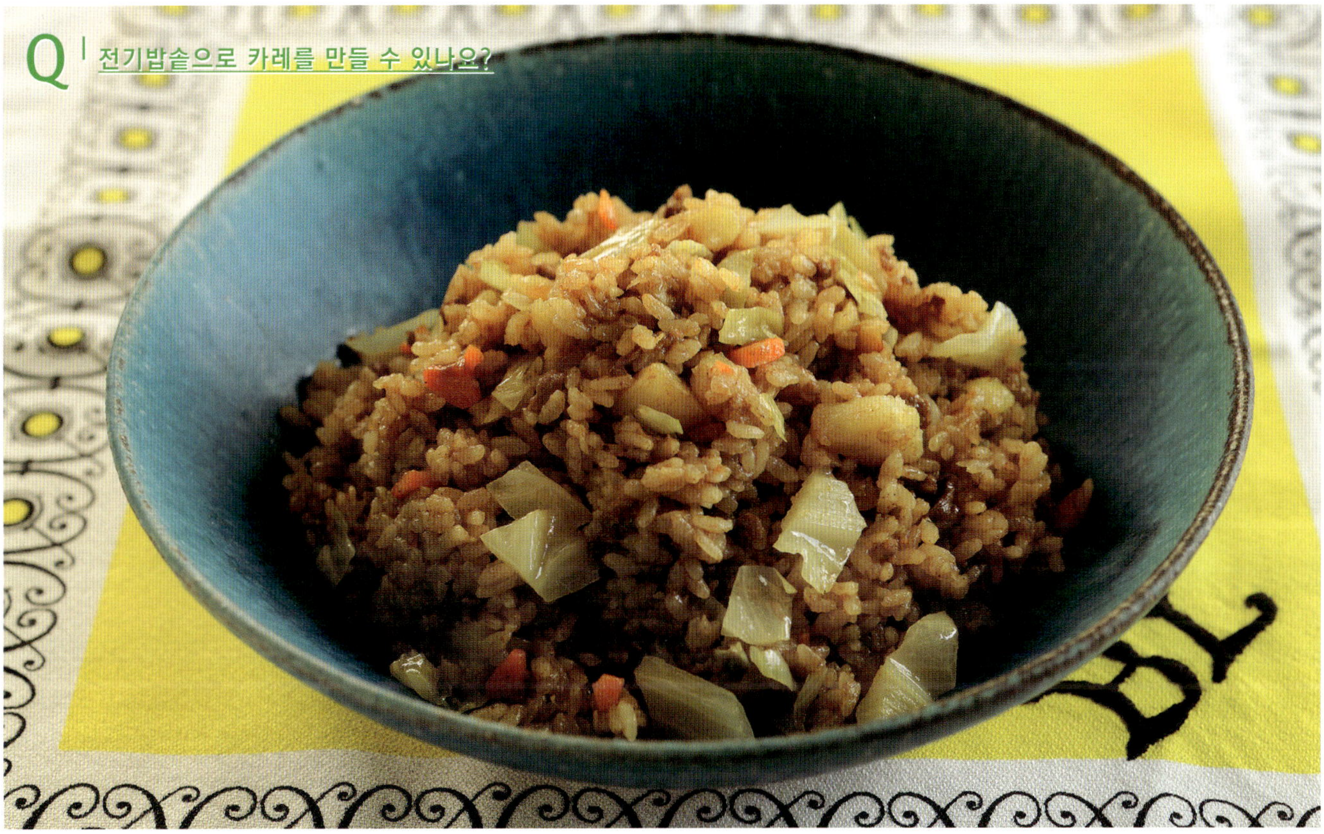

5

양고기를 넣은
카레 영양밥

재료 : 4인분

- 쌀 150g
- 참기름 1Ts
- 양파(잘게 다지기) $\frac{1}{2}$개
- 당근(얇게 은행잎 썰기) $\frac{1}{2}$개
- 감자(작게 한입 썰기) 1개
- 양배추(작게 한입 썰기) 1장
- 양고기(램, 한입 썰기) 100g
- 마늘(얇게 썰기) 1조각
- 쪽파(총총썰기) 조금
- 멘쓰유·간장·청주 각 1ts
- 카레 루 1인분
- 물 170cc

HOW TO MAKE

1 쌀을 씻어서 30분 정도 불린다.

2 프라이팬에 참기름을 두르고 강한 불로 달구어서 양파와 마늘을 볶는다.

3 2의 색이 변하기 시작하면 나머지 재료를 모두 넣고 살짝 볶는다.
   양고기 겉이 익을 때까지 볶는다.

4 3에 물, 멘쓰유, 간장, 청주를 1ts씩 넣고 팔팔 끓인다.

5 전기밥솥에 쌀, 양배추 그리고 4를 넣은 다음, 잘게 쪼갠 카레 루를 뿌리듯이 넣는다.
   루를 덩어리째 넣으면 제대로 섞이지 않으므로 반드시 잘게 쪼개서 넣어야 한다.
   쌀은 미리 물에 불려두어야 잘 익는다.

6 일반 취사 모드로 밥을 짓는다.

7 밥이 완성되면 10분 정도 뜸을 들인 후 골고루 섞는다.

8 그릇에 옮겨 담고 쪽파를 뿌린다.

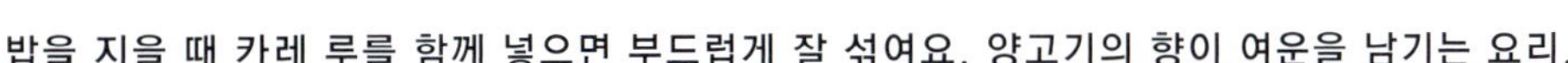

A | 밥을 지을 때 카레 루를 함께 넣으면 부드럽게 잘 섞여요. 양고기의 향이 여운을 남기는 요리. 

Q | 루 카레와 잘 어울리는 음료는 무엇일까요?

*알코올 음료

1위 청주·사케 62점

오   청주가 카레를 부드럽게 만들어주는 것 같아.

리   청주를 마신 후에 카레를 먹으면 맛있게 느껴진다고 하더라.

미   밀가루의 끈끈함과도 잘 어울려.
그런데 향신료를 넣은 카레와는 잘 어울리지 않을 것 같아.

봉   청주를 마시면서 카레를 먹는 느낌이 좋아.

2위 위스키 54점

S   달콤한 향이 카레와 잘 어울려.

리   물을 섞어서 마시는 편이 좋은 것 같아.
스트레이트나 온더락은 조금 강해.

노   술도 카레도 향이 잘 어울릴 때 매력적이지.

3위 와인 42점

미   와인의 향미가 카레의 맛을 억제하는 것 같아.

리   와인을 마신 뒤에 카레를 먹는 것은 괜찮지만,
카레를 먹은 다음에는 와인을 마시고 싶어지지 않아.

미   와인을 마시면 카레가 맛있어지지만,
카레를 먹고 나면 와인이 맛없게 느껴져.

4위 맥주 36점

봉   카레에는 맥주가 어울린다고들 하지만 솔직히 잘 모르겠어.

미   맥주는 인도요리와 더 잘 어울리지.
루 카레는 향신료의 강한 향이 끈끈한 밀가루로 덮여있어서,
맥주의 맛과 향이 카레의 맛과 향을 죽이는 것 같아.

오   연한 맥주라면 나쁘지 않을 것 같은데.

5위 소주 28점

리   안 어울려. 나는 솔직히 물과 기름처럼 겉도는 느낌이야.

S   카레와 먹으면 독한 소주가 더 독해지는 것 같아.

오   카레의 향과 소주의 향이 전혀 어울리지 않아.

S   소주 중에서는 그나마 고구마소주가 카레하고
가장 잘 어울릴 것 같아. 청주의 달달한 느낌에 가까우니까.

그 밖의 알코올 종류

봉   알코올 도수가 높은 술이 잘 어울리는 것 같아.

노   진토닉 같은 것도 괜찮을 것 같지 않아?

리   루 카레는 어울리는 술이 따로 있는 것 같아.
인도 카레는 대부분 어울리는 것 같지만.

봉   맵고 향이 강한 카레일수록 술과 잘 어울리는 것 같아.

S   향이 강한 음식이 술과 잘 어울리니까.

오   식전, 식사중, 식후로 나눠서 생각해보면 어떨까?

S   식전에는 역시 맥주지. 식사 중에는 청주, 마무리는 위스키.

리   그거 괜찮은데?

※ 이 점수는 Tokyo Curry Bancho의 독자적인 의견에 근거한 것입니다
(80점 만점).

*비알코올 음료

1위 물 72점

오   입 안이 의외로 개운해져.

봉   맞아. 아무 맛도 나지 않으니까
다른 음료와 비교가 되지 않을 만큼 개운해.

리   여러 가지 요리를 맛볼 때 중간에 마시기 좋아.
'다음 카레도 어디 한 번 먹어볼까' 하는 생각을 갖게 해.
식전이나 식후, 식사중을 가리지 않고 언제든지 마실 수 있어.

2위 우유 64점

S   꽤 잘 어울려. 우유를 마신 후에 카레를 먹으면 맛있거든.

리   매운 카레를 먹을 때도 그렇지.

미   카레의 맛이 부드러워져.

봉   다음 날 먹는 카레의 맛과 비슷해.

리   순식간에 그렇게 되지. 상승효과가 있어서 좋아.

3위 녹차 60점

리   녹차는 식후에 마셔야 할 것 같아.
'이제 그만 먹어야지'라는 생각이 들게 하거든.

오   카레를 먹은 후에 녹차를 마시면 녹차가 무척 달게 느껴지고,
차 맛이 좋아져.

봉   비슷한 이유로 우롱차도 괜찮을 것 같아.

4위 콜라 50점

리   콜라를 마신 뒤에 카레를 먹는 것도 의외로 나쁘지 않아.

미   콜라의 단맛이 잘 어울린단 말이지.

노   카레 루가 기름지니까 탄산음료를 마시면 개운해져.

봉   순간적으로는 좋지만 식사중에 계속 콜라를 찾게 되는 것 같아.

5위 커피 36점

미   카페에서 카레와 커피를 먹는 일이 종종 있잖아.

리   커피는 역시 밖에서 마시는 게 좋아.

S   난 별로인 것 같아. 카레의 맛도 알 수 없게 되고,
커피를 마신 다음에 다시 카레를 먹고 싶은 기분이 들지 않아.

봉   녹차를 마셨을 때보다 좀 색다른 느낌은 있어.

그 밖의 비알코올 종류

봉   새콤한 레몬을 띄운 물도 괜찮을 것 같아.

S   홍차는 나쁘지 않을 것 같은데?

리   스포츠 음료는?

S   내가 마셔본 적이 있는데 진짜 별로야.

봉   차이, 라씨도 있잖아.

미   물과 녹차는 카레와 세트인 느낌이고,
콜라나 우유는 맛에 변화를 준다는 느낌이 들어.

노   식전에는 콜라가 괜찮을 것 같아.

리   식사중에는 물과 우유가 좋고.

봉   식후에는 역시 커피야.

A | 알코올 음료는 청주·사케, 비알코올 음료는 물이 잘 어울려요. 

"똑같은 카레는 두 번 다시 만들지 않는다."
Tokyo Curry Bancho는 13년 전 결성할 때부터
줄곧 이를 신조로 삼아 지켜오고 있습니다.

재료가 바뀌면 카레의 맛도 변합니다.
먹고 싶은 카레는 그날그날의 기분에 따라 다르기 때문에
항상 같은 맛을 좋아할 수는 없습니다.
그렇기 때문에 우리는 지금까지 전국을 돌아다니면서
1,000가지가 넘는 우리만의 카레요리를 개발했습니다.

어떻게 하면 맛있는 카레를 만들 수 있을까?
어떤 재료를 넣으면 카레가 맛있게 될까?

자신 있게 선보인 카레가 의외로 반응이 없을 때도 있었고,
새로운 재료를 넣은 카레가 기대 이상으로 맛있을 때도 있었습니다.
그런 우리가 하루하루 도전하여 이룬 성과 중 여러분이 좋아하는 요리만을 모아
한 권의 이 책으로 정리하였습니다.

루 카레 요리에 도전하는 여러분을 위해
좀 더 다양하고 맛있는 루 카레를 만들고 싶어하는 여러분을 위해
이 책이 큰 도움이 되길 바랍니다.

천고마비의 계절에
Tokyo Curry Bancho

지은이 _ Tokyo Curry Bancho

1999년 8명의 카레요리 전문셰프가 모여서 만든 출장요리 전문팀.
'똑같은 카레는 두 번 다시 만들지 않는다'는 신조로 일본 각지를 돌아다니며
각종 이벤트를 통해 카레 요리를 만들고 있다.
짧은 시간에 현장에서 만드는 새로운 카레요리로 인기를 얻고 있다.

옮긴이 _ 황세정

이화여자대학교 식품영양학과 졸업.
동 대학 통역번역대학원 일본어 번역과에서 석사 취득.
현재 엔터스코리아 출판기획 및 일본어 전문 번역가로 활동 중이다.
주요 번역서 『잼, 콩포트, 시럽』, 『손바닥 롤케이크』, 『방에서 키우는 싱싱채소』 등.

일본 카레요리 전문셰프 8인의
도쿄東京카레

펴낸이	유재영
펴낸곳	그린쿡
지은이	Tokyo Curry Bancho
옮긴이	황세정
기획	이화진
편집	박선희
디자인	전지영
1판 1쇄	2013년 11월 10일
1판 10쇄	2023년 10월 31일
출판등록	1987년 11월 27일 제10-149
주소	04083 서울 마포구 토정로 53(합정동)
전화	324-6130, 324-6131
팩스	324-6135
E-메일	dhsbook@hanmail.net
홈페이지	www.donghaksa.co.kr
	www.green-home.co.kr
페이스북	www.facebook.com/greenhomecook
인스타그램	www.instagram.com/__greencook

ISBN   978-89-7190-431-2 13590

• 이 책은 실로 꿰맨 사철제본으로 튼튼합니다.
• 잘못된 책은 구매처에서 교환하시고, 출판사 교환이 필요할 경우에는 사유를 적어 도서와 함께 위의 주소로 보내주세요.

GREENCOOK은 최신 트렌드의 요리, 디저트, 브레드는 물론 세계 각국의 정통 요리를 소개합니다.
국내 저자의 특색 있는 레시피, 세계 유명 셰프의 쿡북, 전 세계의 요리 테크닉 전문서적을 출간합니다. 요리를 좋아하고,
요리를 공부하는 사람들이 늘 곁에 두고 활용하면서 실력을 키울 수 있는 제대로 된 요리책을 만들기 위해 고민하고 노력하고 있습니다.